飲料與調酒

與職場接軌・飲調實作示範

閻寶蓉、周玉娥　編著

全華圖書股份有限公司

序 言

　　28 多年來我從五星級飯店的調酒女王，征戰國際調酒比賽勇奪大獎；到自行創業開過近 10 家酒吧的 Pub 女王，當時在台北市安和路的「ABS LIVE HOUSE」酒吧，張惠妹和信樂團都曾在店內駐唱，一度造成業界轟動引領酒吧潮流；近幾年則退居幕後，在 7 所餐飲學校教授飲料調酒，傳承我的實務經驗，培養學生調酒專業素質與技術，希望將酒類文化與知識更融入一般民眾生活，並藉此提升調酒文化。

　　近幾年隨著觀光餐飲產業發展，帶動了酒吧、飯店、餐旅等產業不斷增長，全台各大飯店、餐飲業、Pub、Lounge、酒商、咖啡館茶坊及泡沫紅茶店，皆對飲務人力的需求非常旺盛，連帶使得相關科系的技能被看重，而成為餐飲學子競逐的場域。我以職場上的使者與推手自居，期待為兩岸調酒市場發掘更多專業人才，更廣為所用。

　　本書以興趣技能發展和職場規劃為主軸，第 1、2 章先介紹飲料及酒的基本概念與分類，並分別分析飲調界調酒師、侍酒師、咖啡師、飲調師等職場的技能需求與發展；第 4 章～第 6 章融合 2015 最新飲料調製乙級基酒分類、21 種調酒類型及調製 8 法的解析與應用；第 7 章～第 9 章則深入介紹酒吧的靈魂人物 - 調酒師的職務，以及餐酒館、飯店附設之酒吧、PUB、夜店、LIVE HOUSE、運動酒吧等實體酒吧介紹與經營實務。實作示範透過 100 多道經典與創意調酒以及市場最夯養生健康茶飲果汁，讓飲調基本知識與觀念能夠自然吸收，達到心領神會的最佳效果。

　　我們深知想要將 20 多年的業界經驗融入本書，真的很不容易，唯恐思慮不周或有缺漏，過程中戰戰兢兢、忐忑不安，感謝具 20 多年公關經驗的周玉娥鼎力襄助，以餐飲顧問角度賦予本書清晰的組織脈絡，我們兩方經過數月來的密集開會討論，反覆推敲與編寫，雖不至於嘔心瀝血，也算盡心盡力，尚請任課教師、業界先進惠予指正，此將不勝感激。

閻寶蓉 Amy

周玉娥 Julie　謹誌于 2015 春

目錄
CONTENTS

Part 1
酒精性飲料

飲料概論

台灣飲料產業發展至今已有將近百年的歷史，從日據時代所產銷的彈珠汽水，到現在人手一杯的手搖杯飲料。時至今日，諸如沙士、可樂、汽水外，烏龍茶、紅茶、花茶、水果茶、薑母茶、青草茶、芭樂汁、楊桃汁、仙草蜜，及各種機能性飲料，產品琳瑯滿目、非常多元。台灣飲料市場競爭十分激烈，廠商為了要在有限的市場拔得頭籌，每年都推出各式各樣的新產品，產品項目不斷推陳出新，各種口味的飲料更是層出不窮。

學習重點

1. 了解飲料的市場現況。
2. 認識飲料的分類。
3. 認識軟性飲料(Soft Drinks)的內涵。
4. 瞭解飲調業的職場方向。

 1-1 飲料的市場現況與分類

　　飲料稱為「Beverage」或「Drink」，飲料已成為現代人日常生活的重要必需品之一，在其他產業面臨不景氣之際，飲料市場規模仍可見榮景，根據經濟部統計處資料顯示，2013 年非酒精性飲料產值為 518.2 億元，在我國民生工業中占有舉足輕重的地位，如圖 1-1 所示。

圖1-1　飲料在我國民生工業中占有舉足輕重的地位

　　飲料的分類大致可依據飲料性質和飲用方式來分類，依據飲料性質可分為酒精性飲料及非酒精性飲料兩大項；而依飲用方式則可分為冷飲類、熱飲類及冰品類 3 種；依飲用時間長短又可分長飲和短飲，分別簡述如下：

一、依據飲料性質

（一）酒精性飲料 (Alcoholic Beverage)

　　酒精性飲料又可稱為硬性飲料 (Hard Drinks)，指酒精含量 0.5% 以上，含酒精性的飲料，如釀造酒、蒸餾酒、再製酒和雞尾酒、啤酒、葡萄酒、白蘭地、琴酒、香甜酒等（圖 1-2）。含酒精的飲料是指經過一定的發酵過程，使其中含有一定量的糖及少量酒精的飲料。第 2 章會再做詳細的介紹。

圖1-2　酒精性飲料(Alcoholic Beveraqe)

（二）非酒精性飲料 (Non-alcoholic Beverage)

又稱為軟性飲料 (Soft Drinks)，指酒精含量在 0.5% 以下，不含酒精性的飲料。根據經濟部工業局的分類方法，及經濟部智慧財產局的定義，飲料產業的產品按其特性可區分為下列 8 大類：

1. **碳酸飲料**：添加二氧化碳的飲用水或飲料，其主要原料是水、甜味劑、酸味劑、香精、著色劑和二氧化碳等，習慣上將其分為果味型、果汁型和可樂型。如汽水、沙士、可樂等（圖1-3）。

2. **蔬果汁飲料**：主要原料是蔬果汁，取自新鮮水果和蔬菜，一般可以分為天然果蔬汁、帶肉果蔬汁、濃縮果蔬汁幾類。以罐、瓶、紙容器或其他容器封裝之果（蔬）汁製品，如柳橙汁、芭樂汁、果菜汁、蘆筍汁、蘋果汁、葡萄汁、菠蘿汁、番茄汁等。

3. **茶類飲料**：如紅茶、烏龍茶、奶茶、綠茶、花茶等。

4. **咖啡因飲料**：罐裝、鋁箔包、杯裝等即飲咖啡飲料。

5. **運動飲料**：具有調解人體電解質功能之飲料（圖1-4）。屬於基本飲料類，所以抗流行性較強。

圖1-3　可樂屬於碳酸飲料　　圖1-4　運動飲料屬於基本飲料類的一種

6. **機能性飲料**：具有強化機能作用的清涼飲料，以添加的素材分為食用纖維、寡糖、維生素、礦物質等。保健飲料為保健食品的一部分，在國內外都發展得很快，已成為食品業中的一個重要分支。

7. **包裝飲用水**：密閉容器包裝之飲用水、礦泉水等，礦泉水又分一般礦泉水或氣泡礦泉水：以法國沛綠雅(Perrier)最著名。世界衛生組織對礦泉水的定義是：天然礦泉水是來自天然的或人工井的地下水源，並在細菌學上健全的水。

8. **其他飲料**：不屬於上述各類別的飲料，如青草茶、仙草蜜等。

二、其他分類

可依飲用方式則可分為冷飲類、熱飲類及冰品類 3 種；依飲用時間長短又可分長飲和短飲，簡述幾種如下：

1. **熱飲類(Hot Drinks)**：溫度約為60～80°C之間，以熱水沖泡調製而成的飲料，常見的有熱咖啡、熱紅茶以及巧克力飲品等等。

2. **霜凍類(Frozen Drinks)**：包含加冰塊打成的冰沙、加冰塊或冷凍水果攪拌成冰沙或雪泥狀的霜凍飲料；冰淇淋(Ice Cream)和奶昔(Milk Shake)奶加冰淇淋等。

3. **短飲類(Short Drinks)**：屬於酒精濃度較高分量較少的雞尾酒飲料，短時間之內需要喝完的飲料，大約指在10～20分鐘內飲用完畢，盛裝飲料的容器通常都不大，其成品內也不添加冰塊。

4. **長飲類(Long Drinks)**：指飲料中添加了冰塊及大量蘇打水或汽水、果汁的混合雞尾酒，適合長時間飲用又稱Tall Drinks，份量較多顏色豐富多變化，比較適合女性飲用。

以上的分類中，到底哪種最受消費者青睞？根據台灣區飲料工業同業公會的統計資料顯示，2010 年 10 大暢銷飲料種類當中，前 3 名為綠茶、包裝水及果汁飲料（圖 1-5），銷售量分別佔 18.9%、16.4% 及 10.4%，其中茶類飲料當中的奶茶、紅茶、烏龍茶及果茶等也都名列前 10 大熱門飲料，合計茶類飲料銷售量占比就高達 39.2%。

根據經濟部統計資料，2013 年飲料產值為 518 億元，其中以茶類飲料產值最大，占 190 億元；其次為咖啡飲料，占 91.9 億元；果蔬汁占 62.7 億元；碳酸飲料為 54.8 億元。

圖1-5　2010年10大暢銷飲料種類，綠茶名列第1

1-2　職場具備 4 師

──調酒師、侍酒師、咖啡師、飲調師

近幾年隨著觀光餐飲產業發展，帶動了酒吧、飯店、餐旅等產業不斷增長，全台各大飯店、餐飲業、Pub、Lounge、酒商、咖啡館茶坊及泡沫紅茶店，皆對飲務人力的需求非常旺盛。

調酒師、咖啡師、侍酒師、飲調師堪稱飲調業的 4 個「師」。進入這各領域，若能同時考取幾張相關證照，對就業求職無疑是最好的推薦函，對晉升管理職也都很有幫助，現在很多餐飲飯店業對相關職缺均已要求須附上證照或認證。

飲調知識庫

什麼是 Bartender？

Bartender 是一個照料酒吧台同時招呼顧客的專業人士；是一個了解顧客需要什麼的心理學家；是一個能像魔法師似調製一杯美妙雞尾酒的調酒專家；是一個幫老闆創造業績的靈魂人物！

一、調酒師、侍酒師、咖啡師、飲調師的職場簡述

飲調市場的風起雲湧，逐步走向精緻化，咖啡與品酒不僅已成為一種文化與生活品味，更帶動專業調酒師、侍酒師、咖啡師、飲調師的職場需求。

(一) 調酒師

調酒師 (Bartender) 為近年逐漸崛起的熱門職業（圖 1-6），要求理論與實際操作相結合，尤其對操作技能有較高的要求。在美國、日本、韓國等國家，頂尖花式調酒師的名氣和收入不亞於著名的歌星和影星；在兩岸三地，每年約有 5000 名左右的調酒師職缺，創意調酒師更是炙手可熱，工作範圍包含飯店、酒吧、高級郵輪、高級俱樂部、餐廳、宴會、酒會、高級會所。但相對的在台灣調酒市場還不是很大，和國外比起來也比較少有 Party 或表演秀，在工作職務上擔負的比較廣。

圖1-6　調酒師

（二）侍酒師

侍酒師（英文：Wine steward；法文：Sommelier）在國內屬新興行業，但在歐洲，這個工作已經存在很久，尤其在一些五星級高級飯店或者酒莊，資深侍酒師是相當令人尊敬的工作，屬於高薪行業，但想當侍酒師可不容易，需要通過專業訓練並且擁有證照（圖1-7）。

侍酒師一詞源自法國，在歐洲國家已是很普遍的工作，但是在台灣，由於五星級飯店與高級餐廳數量無法與國外相比，而部分高級餐廳則是餐廳經理負責侍酒的工作，侍酒師數量不算多。近年來國內部分飯店的星級餐廳已經開始延攬有證照的侍酒師，台灣也出現幾位傑出侍酒師，甚至足以登上國際舞台的釀酒師與本土品種葡萄酒。但如與英、法、美、加等國相比，國內有照侍酒師待遇與工作機會仍不能相提並論，近年隨著大陸經濟崛起，對高級酒的消費量越來越大，侍酒師市場亦快速崛起。

圖1-7　侍酒師

圖1-8　國際咖啡調配師(International Award in Barista Skills)

（三）咖啡師

國際咖啡調配師 (International Award in Barista Skills)（圖1-8）發照單位為英國城市專業學會 (City & Guilds)，為全球所認可的國際咖啡師專業證照，每年考試多達180萬人次，超過100多個國家使用認證，取得其國際資格即具備「職業資格」與「工作實力」雙重保證，考取後終身有效，但仍須符合該單位的維持資格。考照內容包括如何烘焙咖啡豆、調製咖啡的技巧等，因符合許多上班族興趣和創業想像而備受青睞，台灣部分連鎖咖啡店也希望員工擁有此證照，為品

牌加分。而台灣咖啡協會更自 2010
年起正式舉辦「專業義式咖啡師
Barista 乙級認證」認證與檢定。

隨著自家烘焙咖啡館的普及，
咖啡師的專業度愈趨提升，不只需
要會沖泡各式咖啡，還要對每種咖
啡都有深刻的了解，對咖啡豆的產
地來源更是瞭若指掌，因此，很多
咖啡師也身兼烘豆師。咖啡師更
需常喝咖啡，以養成正確的品嚐審
美觀，才能夠判斷店內飲料的好壞
（圖 1-9）。

圖1-9　咖啡師世界賽

（四）飲調師

近幾年台灣手搖杯連鎖茶飲
店不僅在全國處處林立，更在世界
各地開枝散葉，不只在兩岸與馬來
西亞、菲律賓、印尼等東南亞市場
拓展非常成功；有的業者從日本紅
回台灣；有的則早已布局香港、馬
來西亞、曼谷、雪梨、新加坡與中
國等地市場，為拓展市場，各店爭
相廣邀飲調好手儲備展店人力（圖
1-10）。

對飲調有興趣的人只要通過丙
級檢定或取得乙級檢定證書，未來
一技在身，不僅可到連鎖茶飲店歷

圖1-10　飲調師

練，也可以選擇到五星大飯店謀職，更可以嘗試自己獨自開店創業，職場需
求空間很大。

表 1-1 為各個專業人員的職務內容以及需要擁有的專業證照，配合本書
必須熟讀的知識章節整理對照，方便讀者快速掌握重點。

表1-1　4師職務與本書內容對照表

職務	職務內容	需要證照	本書必讀
調酒師 Bartender	1. 吧檯內的工作都屬調酒師負責的範圍 2. 具備一流的調酒技術 3. 負責調酒商品的品質管控 4. 對調酒及裝飾物等都要上手	1. 飲料調製乙級證照 2. I.B.A.(International Bartenders Association) 國際調酒師認證	第 4 章 第 5 章 第 6 章 第 7 章 第 8 章 第 9 章 第 10 章
侍酒師 sommelier	1. 侍酒師是酒類服務的專業表演者 2. 負責酒窖管理 3. 酒單的設計與管理 4. 精通餐酒搭配	1. 英國葡萄酒與烈酒教育基金會 (Wine and Spirit Education Trust，簡稱 WSET) 認證 2. ISG 國際侍酒師協會認證	第 3 章 第 8 章 第 9 章 第 12 章 第 14 章
咖啡師 Barista	1. 熟悉咖啡文化 2. 懂得烘焙咖啡豆 3. 擁有調製咖啡的技巧	1. 國際咖啡調配師（International Award in Barista Skills） 2. 專業義式咖啡師 Barista 乙級認證	第 13 章
飲調師	1. 各大飯店、餐飲業、Pub、咖啡館茶坊及泡沫紅茶店最需要的人才 2. 製作花茶、咖啡、冰砂、水果切盤及裝飾等技巧	1. 飲調丙級證照 2. 飲調乙級證照 3. 飲料調製丙級技術士 4. 飲料調製乙級技術士	第 12 章 第 13 章 第 14 章

1-3　酒類責任與法律

　　如果酒吧業者、經理人、調酒師或服務人員提供酒精飲料給 18 歲以下未成年兒童飲用或灌醉者，將需擔負很嚴重的法律責任。依據「菸酒管理法」第 33 條及「酒類標示管理辦法」規定：酒經包裝出售者，酒製造業者或進口業者應於直接接觸酒之容器上標示產品種類、酒精成分、容量、「飲酒過量，有害健康」或如「未成年請勿飲酒」等之其他警語等事項，違反上開標示規定或販賣不符標示規定之酒者，將會依該法第 54 條規定處罰。

一、Bob指定駕駛

源於 1995 年比利時開始推廣「指定駕駛 Bob」，即親友聚會時有一人需保持清醒，最後再送大家回家。當時為指定駕駛取名 Bob，是 Robert 的簡稱，而後歐洲各國陸續推廣「指定駕駛」觀念時，也沿用這個名字，最主要是希望減少酒後駕車事故及死傷，教育飲酒者培養責任飲酒的觀念。

21 世紀逐年增加的酒駕肇事事件危害社會甚鉅，消費者一定要切記喝酒不開車、開車不喝車，酒駕違規除可能會觸犯公共危險罪外，亦會有行政罰責。如果參加聚會有需要飲酒者，可以運用指定駕駛人或善用大眾運輸工具往返，以免因酒駕害事而造成嚴重後果（圖 1-11）。

圖1-11　指定駕駛&代客叫車圖像

二、酒後駕車涉公共危險罪

各國政府對酒駕的法律皆非常嚴格，如 2014 年 8 月太陽隊前鋒 P.J. Tucker 酒駕，酒測嚴重超過標準值，除了得入監關三天外，NBA 聯盟也罰他禁賽 3 場。台灣自 2013 年 3 月 1 日起施行道路交通管理處罰條例第 35 條規定，加重酒後違規駕車處罰罰鍰，由原先 15,000 元以上 60,000 元以下提高為 15,000 元以上 90,000 元以下。酒精濃度達 0.25mg/L 以上或酒駕發生事故者優先移送依刑事法律論處，除罰鍰外，仍應依道路交通管理處罰條例第 35 條規定受吊扣銷駕駛執照處分；如經不起訴、緩起訴處分確定或為無罪之裁判確定者，仍應依道路交通管理處罰條例規定罰鍰裁罰之。為遏止酒駕，法務部發函給全國檢察機關統一標準，被告在 5 年內三犯酒駕，原則上不准予易科罰金。

NOTE

第2章

酒的基本概念與分類

酒是各種含有酒精性飲料的通稱，分為釀造酒、蒸餾酒與合成酒（再製酒）。釀造酒中又分為最主要的葡萄酒和啤酒，啤酒是世界性的酒精飲料之一，歷史最悠久，普及範圍也最廣，僅次於水和茶。而蒸餾酒又稱為烈酒，分為威士忌、白蘭地、伏特加、琴酒、蘭姆酒、龍舌蘭酒等6大基酒，也是調酒中不可或缺的基酒；合成酒則是各大調酒比賽或檢定考試必備材料之一，又叫再製酒，也是打造時尚調酒不可或缺的香甜酒（利口酒）。

學習重點

1. 認識酒的分類與特性。
2. 瞭解常見的釀造酒。
3. 瞭解6大基酒特性。
4. 哪些是常見的再製酒。
5. 學習24支酒的酒類辨識。

2-1　酒的基本概念與分類

　　酒是各種含有酒精性飲料的通稱，其化學成分是酒精（乙醇），乙醇是由水果或穀類經酵母發酵而製成。酒的主要成分為酒精和微量的醣類、蛋白質，其營養價值極低，一毫升的酒精產生 5.6 卡熱量，以 100 毫升的威士忌計算，酒精含量 41 公克，熱量 287 卡。

　　酒精性飲料亦稱為硬性飲料 (Hard Drink)，酒精含量在 0.5% 以上的飲料，依照酒精含量的多少，和製造方法的不同，大致分為 3 類：

1. **釀造酒(Fermented Alcoholic Beverage)：** 由穀類或水果經酵母發酵及成熟而製成（圖2-1）。通常含有12%～14%的酒精，亦有添加額外的酒精，使其達到18%～20%的酒精濃度，如葡萄酒、紹興酒、花雕酒、米酒，及各種水果酒。一般較常見的釀造酒有啤酒(Beer)和葡萄酒(Wine)，啤酒是由麥芽發酵所製成，通常含有3%～6%的酒精，麥酒、黑啤酒是不同口味的啤酒。

2. **蒸餾酒(Distilled Liquors)：** 蒸餾酒又可稱為烈酒，是由釀造酒再經蒸餾及儲存成熟而製成，通常含有40%～50%的酒精濃度，世界著名的蒸餾酒有英國的威士忌、法國的干邑白蘭地、俄羅斯及東歐的伏特加、加勒比地區的蘭姆酒、英國和荷蘭等地的杜松子酒（琴酒）（圖2-2），再加上墨西哥的特吉拉並稱6大雞尾酒基酒。

圖2-1　釀造酒

圖2-2　琴酒(Gin)屬於蒸餾酒的一種

3. **再製酒（合成酒）(Compounded Alcoholic Beverage)：** 再製酒也是打造時尚調酒不可或缺的香甜酒（利口酒），可分為中式再製酒和西式再製酒

（圖2-3）。中式再製酒一般用蒸餾酒或食用酒精配以香料、藥物等製成，依香味可分為花香、果香、植物藥香及動物藥香再製酒；西式再製酒以原料來分類，大致上可以分為水果類、種子（堅果）類、香草（藥草）類、奶油及蜂蜜等類。

酒精性飲料的分類如圖 2-4 所示：

圖2-3　再製酒（合成酒）

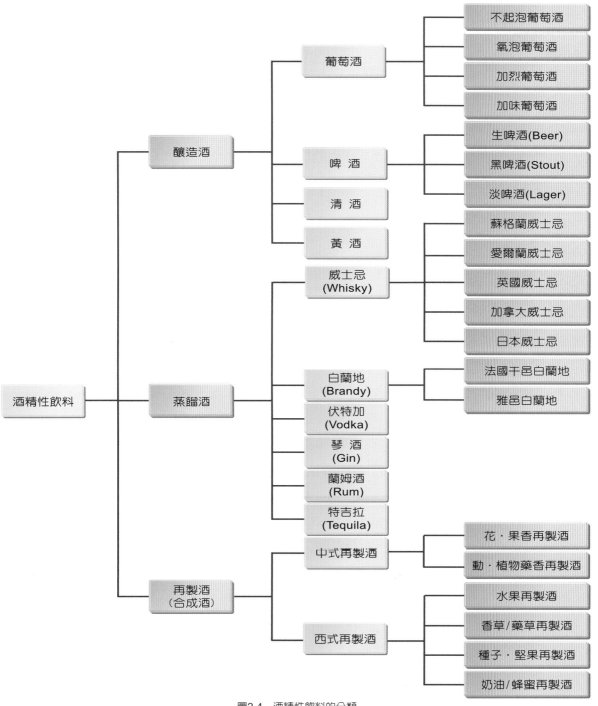

圖2-4　酒精性飲料的分類

2-2　釀造酒 (Fermented Alcoholic Beverage)

釀造酒 (Fermented Alcoholic Beverage) 是將米、麥、葡萄等原料經過採收、壓碎、清渣、糖化、發酵，浸漬、過濾與儲存等過程所製造的酒。市場上最常見的釀造酒係以穀類或水果為原料經發酵及儲存成熟而製成之酒，如紹興、黃酒、葡萄酒或啤酒類，也就是沒經過蒸餾或添加其他原料浸泡製造的酒類（圖 2-5）。通常含有 12% ～ 14% 的酒精，亦有添加額外的酒精，使其達到 18% ～ 20% 的酒精濃度，如紹興酒、花雕酒、米酒，及各種水果酒。清酒 (Sake) 在日本俗稱日本酒，它與我國歷史最悠久的傳統酒「黃酒」一樣，同屬低度米酒。一般較常見的有 Beer（啤酒）和 Wine（葡萄酒）。

圖2-5　紹興酒

一、釀造酒的分類

釀造酒的原料可分為糖類和澱粉類，以糖類為原料的釀造酒稱為單發酵酒；以澱粉類為原料的釀造酒稱為複發酵酒。糖類原料包括水果、蜂蜜、乳類等，這些原料本身所含的糖分可以直接被酵母利用轉換成酒精和二氧化碳，故稱為單發酵法，以造酒技術而言，單發酵法是最自然、最基本的方法，葡萄酒即是利用單發酵法釀造而成。

而澱粉類的原料必須先將澱粉轉化為葡萄糖或果糖後，才能被酵母利用，轉換成酒精和二氧化碳，故稱為複發酵法，啤酒即是利用複發酵法來釀造。代表性釀造酒類有啤酒 (Beer)、清酒 (Sake) 與紹興酒 (Shaohsing Wine)、花雕酒等（圖 2-6）。本節介紹以啤酒為主。

圖2-6　清酒(Sake)

代表性釀造酒類別如表 2-1 所示：

表2-1　代表性釀造酒類別表

酒名	產地	原料	酒精濃度	發酵法
啤酒 (Beer)	台灣、德國、美國、日本、荷蘭、墨西哥、愛爾蘭、丹麥、加拿大、中國	大麥（麥芽）、啤酒花、酵母、水	3～8%	複發酵法
葡萄酒 (Wine)	各國，以法國最有名	葡萄	8～14%	單發酵法
清酒 (Sake)	日本	蓬萊米	13～25%	複發酵法
紹興酒 (Shao-hsing Wine)、花雕酒	台灣、中國	長糯米、蓬萊米、小麥	15～17%	複發酵法

二、啤酒(Beer)

　　啤酒是世界性的酒精飲料，歷史非常悠久，可追溯到 4000 年前埃及的古文明，普及範圍也最廣，全球平均一人每年飲用啤酒約 25 公升，是僅次於水和茶後世界消耗量排名第 3 的飲料（圖 2-7）。啤酒是一種低酒精度的飲料，自古以來即享有「液體維生素」及「液體麵包」的美譽，由於其低酒精含量及高雅苦味，風味歷經千年而不衰，廣受一般消費大眾聚會宴客中飲用，但其低酒精濃度，很容易讓使用者一不小心飲用過量，在此也特別提醒大家，遵守酒後不開車的法律規範。

　　啤酒釀造工業是一個全球性的工業項目，從私人酒坊到跨國企業，無數大小規模的釀酒機構遍布全球。例如比利時與德國各地方遍布小型啤酒釀造廠。而日本啤酒的龍頭廠商是朝日、麒麟、三得利和三寶樂 (Sapporo)，釀造技術則是從明治時代初期就從德國傳入。啤酒也形成一種傳統文化，世界各地都有各異其趣的啤酒節，全世界公認的「啤酒之都」德國慕尼黑每年 10 月舉辦的

圖2-7　啤酒是世界消耗量排名第3的飲料，僅次於水和茶

圖2-8　德國的國際啤酒節，表現了啤酒對於人們生活的重要性

　　國際啤酒節，經常吸引大量觀光客與當地人參與活動（圖 2-8），而台灣 6 ～ 10 月全省各地舉辦的啤酒節也是政府與民間最熱衷的活動項目之一。

　　台灣啤酒擁有 90 年歷史，開始於台北市建國啤酒廠，其前身為日本高砂麥酒株式會社，台灣光復後由政府接收，以台灣菸酒公賣局公賣制度營業，直到 2002 年 7 月 1 日改制為「台灣菸酒股份有限公司」。由於精選優良的麥芽、啤酒花、酵母與蓬萊白米，及嚴格品管，獲得許多次國際大獎，並廣受台灣消費者之認同，產品包括經典台灣啤酒、金牌台灣啤酒、18 天台灣生啤酒、台灣水果啤酒。

（一）啤酒的原料

　　啤酒的主要原料是大麥芽、啤酒花、酵母、水，但副原料的重量合計不得超過麥芽重量的一半。目前德國的啤酒廠大都還按照 1516 年皇家頒布的德國純粹法令 (German Purity Law)，只使用這 4 種原料，其他大部分的國家或地區在啤酒中都有添加副原料如玉米、米、蔗糖、小麥、澱粉等，使啤酒呈現不同的風味（圖 2-9）。

圖2-9　有些國家或地區繪在啤酒中添加副原料如玉米、米、　　圖2-10　麥芽
　　　　蔗糖、小麥、澱粉

1. **麥芽(Malt)**：麥芽在啤酒釀造中是酵母代謝所需糖分的主要來源，並使酵母藉可溶性糖類以產生酒精和二氧化碳（圖2-10）。大麥芽依其產地與烘焙程度而不同，全世界有3大啤酒麥產地，澳州、北美和歐州，澳州啤酒麥芽因光照、不受污染和品種純潔最受啤酒釀酒專家的青睞，有金質麥芽之稱。而烘烤過的麥芽，可使啤酒顏色較黑，含有焦糖的味道。

圖2-11　啤酒花

2. **啤酒花(Hop)**：啤酒花堪稱啤酒的靈魂，是啤酒特殊芳香氣和苦味的來源，可增加泡沫的穩定度和持久性，防腐效果好（圖2-11），唯放久會苦澀，世界啤酒花主要的產地在歐洲、美國、蘇俄、英國。

3. **酵母(Yeast)**：酵母能將糖分轉化為酒精和二氧化碳，使麥汁發酵，各家的啤酒廠都有特殊酵母，其配方和酵母為生產的重要機密。

4. **水(Water)**：水占啤酒的90%，所以優良的水質才能釀出好的啤酒酒質。硬水適合釀造深色啤酒；軟水則適合釀造淡質啤酒。

（二）啤酒保存與飲用

　　啤酒溫度低的話不會有泡沫，太高的話泡沫又會太多，兩者都無法享受到啤酒美味。夏季時，啤酒溫度在 7℃、8℃間，冬季時，溫度在 10℃為適溫，喝酒前 4 小時放入冷藏，滋味最好。

1. 啤酒的儲藏

在炎熱的天氣裡，喝一杯冰凍啤酒是件暢快人心的事情。如果想要隨時都可以喝到一瓶鮮美的啤酒，平時就要注意隨時準備好，並把它們以正確的方法儲存起來。若喜歡喝陳年啤酒，更要注意啤酒的儲藏之道。

啤酒要新鮮喝，做好「先進先出」(First in，First out) 的步驟。啤酒的儲藏要注意以下 4 點：

(1) 避免陽光照射及高溫場所：光線對酒質具傷害性，儲存重遮蔽效果。溫度過高或溫差大容易爆裂。

(2) 避免與空氣接觸。

(3) 避免過度冷藏：溫度低於2℃以下，酒味變差，酒液混濁不清。

(4) 避免過度震動：避免搖晃，經常震動會產生混濁現象。

2. 啤酒的飲用

(1) 倒酒方法：杯子直放，不要傾倒。開始懸空快倒，倒製半滿然後慢慢倒，最後是調整泡沫的高度。泡沫與啤酒比例為3:7時，最為適當。

(2) 飲用方式：純飲(Straight)，冰涼的喝，不可添加冰塊，趁新鮮大口喝完（圖2-12）。

(3) 適飲溫度：熟啤酒：夏天：6～10℃：冬天：8～12℃：生啤酒：2～3℃。

圖2-12 啤酒最適合以純飲(Straight)的方式享用

（三）啤酒常見的品牌

　　啤酒有 3 種主要的種類：Lager、Ale 與 Stout。目前販賣較多的啤酒是 Lager 型，代表性品牌如荷蘭 Heneiken、美國 Budweiser，台灣啤酒也屬此類。啤酒的另一種主流是英國風味的 Ale 型啤酒，New castle 與 Bass 為此類啤酒代表品牌；Stout 則是用焙烤過的大麥芽為原料，有濃烈的焦味，但泡沫柔細，飲後甘醇，深受一些行家喜愛，較著名的品牌是英國 Guinness。

　　常見的品牌：

1. **台灣：**青島啤酒、台灣啤酒（圖2-13）
2. **日本：**日本啤酒品牌金3角—麒麟、三寶樂、朝日(Asahi Beer)（圖2-14）
3. **中國：**青島、燕京
4. **美國：**美樂(Miller)、百威(Budweiser)（圖2-15）
5. **墨西哥：**可樂娜(Corona)
6. **德國：**貝克(Beck's)、慕尼黑
7. **荷蘭：**海尼根(Heineken)（圖2-16）
8. **丹麥：**嘉士伯(Carlsberg)

圖2-13
台灣啤酒

圖2-14
朝日啤酒(Asahi Beer)

圖2-15
百威(Budweiser)

圖2-16
海尼根(Heineken)

2-3 蒸餾酒 (Distilled Liquors)

蒸餾酒 (Distilled Liquors) 也稱為烈酒，是高濃度的酒，世界著名的蒸餾酒有英國的威士忌、法國的干邑白蘭地、俄羅斯及東歐的伏特加、加勒比地區的蘭姆酒、英國和荷蘭等地的杜松子酒，再加上墨西哥的特吉拉，以上並稱 6 大雞尾酒基酒。所謂基酒就是在調酒中比例占最大，也是主要材料的酒，酒精濃度也較高，大多介於 40%～45%，基酒有廣闊的胸懷，可以容納各種加香、呈味、調色的材料，與各種成分充分的混合達到色、香、味、形俱佳的效果（圖 2-17）。選擇基酒首要的標準是酒的品質、風格、特性，其次是價格。

蒸餾酒的製造過程主要是用穀物（多醣類）和水果（單醣類）為原料，釀造後經蒸餾，將酒精、水分及原料物質分離，取得更高酒精濃度的液體，再經儲存和熟成等過程後得到。經過蒸餾的酒，基本上無色無味，需經過儲存，才會變得更濃郁香醇。在橡木桶中熟成，經過時間淬煉，吸收木桶精華與色素後，酒會轉變為琥珀色，同時也會因像木桶的種類與新舊，產生不同風味，放在橡木桶中熟成的蒸餾酒，都是無色透明的。

一般的釀造酒，酒精濃度低於 20%，一般蒸餾酒的酒精濃度為 37～43% 之間，若經過連續蒸餾，可不斷提高其酒精濃度，對蒸餾酒的定義，美國規定酒精濃度要 37% 以上；歐洲則規定要 40% 以上。蒸餾酒的方法有 2 種，採用單一蒸餾的酒產量較少生產速度也較慢，比較高級的酒都採用單一蒸餾法，如蘇格蘭威士忌。而採連續蒸餾法的酒，酒精濃度最高可達 95%，生產速度較快，產量較多，但口感和香味比較清淡，價格較平價，如伏特加 (Vodka)、蘭姆 (Rum)、特吉拉 (Tequila) 或一些便宜的白蘭地 (Brandy) 皆採用連續式蒸餾法。

圖2-17　基酒在調酒中比例占最大，也是主要材料的酒

一、6大基酒介紹

本節將分別介紹 6 大基酒，以表 2-2 說明整理如下：

表2-2　6大基酒比照表

種類	主要原料	主要生產國	特色	圖片
琴酒 (Gin) 又稱杜松子酒	以穀物為原料釀造蒸餾後加入杜松子等香料蒸餾而成。	以英國和荷蘭為代表	最常使用調製雞尾酒的基酒，其配方多達千種以上，有「雞尾酒心臟」之稱。	
伏特加 (Vodka)	以馬鈴薯、玉米、小麥等穀物經重複蒸餾而成。	以俄羅斯及北歐為代表	為世界六大基酒之首，是全世界酒精度最高的酒，其特性為無色、無味、無臭的透明液體，為調味雞尾酒的鼻祖，別稱為生命之水。	
蘭姆酒 (Rum)	以甘蔗及糖蜜釀製後蒸餾而成。	以古巴、牙買加等加勒比地區為主	有「海盜之酒」的雅號，蒸餾後的淺色蘭姆酒醞藏至完全成熟時，會發散出特有的芳香。法律規定淺色蘭姆酒至少須貯存 1 年，金色蘭姆酒則需要 3 年。	
威士忌 (Whisky)	以玉米、裸麥、小麥、大麥等穀物為原料，存放於橡木桶會加烤過橡木，口感較強烈。	蘇格蘭、愛爾蘭、美國、加拿大、日本	威士忌口感辛辣不易與其他材料融合，通常多喝純酒，或是加水與冰塊的稀釋，以威士忌為基酒的調酒並不多。	
白蘭地 (Brandy)	由葡萄酒或水果蒸餾而成，蒸餾後直接存於橡木桶，口感較清新。	以法國干邑葡萄酒為著名	白蘭地香氣高雅略帶澀味口感，有「蒸餾酒之后」稱號，為長期熟成的基酒，調酒大多調製成短飲的形式以保留其特色。	
特吉拉 (Tequila) 又稱龍舌蘭酒	以珍貴植物龍舌蘭的果實汁液釀製蒸餾，需經過 10 年栽培的龍舌蘭才能釀酒。	為墨西哥國產酒	具特殊香氣，多變、熱烈、豪放又帶神祕感。Tequila 為有產品等級差異的酒種，如酒標上出現「100％ Agave」標示，即表示瓶中的烈酒，是由 100％的藍色龍舌蘭草 (Blue Agave) 發酵、蒸餾而來。	

二、威士忌(Whisky/Whiskey)

威士忌可說是聞名世界的佳釀，不僅釀造歷史悠久，釀造工藝精良，而且產量大，市場銷售暢旺，最受消費者的歡迎。威士忌金黃琥珀色的液體和帶有橡木濃郁薰鼻的焦香，最易讓人聯想到型男豐富的閱歷人生和品味。威士忌是全球氣味最豐富的酒，多達 600 種，不同的水質、土壤、泥煤、釀造方式、釀造時間與溫度與釀酒桶等等，皆會產生其不同「性格」（圖 2-18）。

威士忌的生產起源自西元 1400 年的蘇格蘭，為傳教士自愛爾蘭傳入蘇格蘭。威士忌是以穀物（玉米、裸麥、小麥、大麥）為原料，經過糖化、發酵、蒸餾等過程，成為無色透明的液體，然後再裝入橡木桶中陳釀儲存。威士忌的酒液放在木桶中熟成，使得酒液吸收木桶的物質而呈現琥珀色及香味，再進入橡木桶中醞釀 3 年以上，儲存時間愈久，酒香愈醇價格也愈貴，通常較有等級的為 8 ～ 12 年，甚至 21 ～ 32 年以上。

每種威士忌酒都各具強烈的個性，喜愛威士忌的人都對其個性深愛不疲。就品味來說，蘇格蘭威士忌有薰鼻的麥芽香，加拿大威士忌有綠色大地的深邃韻味，至於波本威士忌則有強烈的男性魅力。調製以威士忌為基酒的雞尾酒時，務必充份了解其個性，並妥為運用其特性。

生產威士忌主要有 5 大產區，分別為英國的蘇格蘭、愛爾蘭、美國、加拿大及日本，由於原料、水質及氣候等個條件不同，各國的產品風味各有不同。分別介紹如下：

（一）蘇格蘭威士忌 (Scotch Whisky)

只要提到蘇格蘭威士忌，大家第一個想到的當然是大步邁進的 Johnny Walker（圖 2-19）。蘇格蘭共有 100 多家釀製威士忌的酒廠，其產品 90% 出口世界 200 多個國家，為英國賺取大量外匯。蘇格蘭威士忌海岸的蒸餾廠，數百年來靠著富含礦物質的土質與純淨好水，

圖2-18　威士忌

圖2-19　Johnny Walker

不斷提升釀酒藝術，威士忌最佳酒齡爲 15 到 21 年，這時酒和橡木達到了最好的平衡。其種類及名聲均爲世界之最。

　　蘇格蘭生產威士忌酒已有 500 年的歷史，其產品有獨特的風格，色澤棕黃帶紅，清澈透明，氣味焦香，帶有一定的煙燻味，具有濃厚的蘇格蘭鄉土氣息。蘇格蘭威士忌具有口感甘洌、醇厚、勁足、圓潤、綿柔的特點，是世界上最好的威士忌酒之一。

　　蘇格蘭著名的威士忌酒產地的氣候與地理條件適宜農作物大麥的生長，在蘇格蘭製作威士忌酒的傳統工藝中，要求必須使用這種泥煤來烘烤麥芽。因此，蘇格蘭威士忌酒的特點之一就是具有獨特的泥煤熏烤芳香味。

　　蘇格蘭威士忌的原料一開始以發芽的麥芽爲主，後來因時代變遷以及蒸餾技術等的演進，除了大麥之外，玉米也變成威士忌的原料，因此蘇格蘭威士忌分爲以下 5 種類別：

1. **單一純麥蘇格蘭威士忌(Single Malt Scotch Whisky)**：單一酒廠（桶）的只用麥芽做原料的蘇格蘭威士忌。

2. **單一穀物類蘇格蘭威士忌(Single Grain Scotch Whisky)**：單一酒廠（桶）的只用非麥芽的穀物做原料的蘇格蘭威士忌。

3. **調和麥芽蘇格蘭威士忌(Blended Malt Scotch Whisky)**：非單一酒廠（桶），但仍只用麥芽做主原料的蘇格蘭威士忌，也就仍以麥芽做原料但混和各酒廠（桶）的蘇格蘭威士忌。

4. **調和穀物類蘇格蘭威士忌(Blended Grain Scotch Whisky)**：非單一酒廠（桶）且用非麥芽的穀物做主原料的蘇格蘭威士忌。

5. **調和蘇格蘭威士忌(Blended Scotch Whisky)**：以麥芽和非麥芽做原料的威士忌相互調和出來的蘇格蘭威士忌。

根據統計，台灣人喝威士忌，有一半的人是喝單一純麥威士忌，比起國外只有 5% 的比例，相當可觀。幾乎全球最好的威士忌都在台灣，國人 1 年喝掉蘇格蘭威士忌多達 600 萬公升，市值高達 200 億元，其中 225 萬公升是高檔的 Single Malt 單一純麥威士忌，超過 120 億元（圖 2-20）。

圖2-20 台灣人喝掉的威士忌，一半是高檔的Single Malt單一純麥威士忌

（二）愛爾蘭威士忌 (Irish Whiskey)

以清新爽口著名，愛爾蘭可以說是威士忌的發源地，愛爾蘭傳教士將蒸餾的技術傳到了歐洲其他地方。沒有蘇格蘭威士忌常有的煙燻味，愛爾蘭威士忌酒最為知名且深受喜愛的是其獨特的清新柔合和圓潤口感（圖 2-21）。

與蘇格蘭威士忌相比，主要在其生產過程有 3 個不同處：

圖2-21 愛爾蘭威士忌(Irish Whiskey)

1. 愛爾蘭威士忌為世界上唯一採用單式蒸餾器蒸餾3次過程的烈酒，酒質精純，麥芽味清新。

2. 愛爾蘭在密閉室中乾燥，使用無煙煤炭而不是泥煤作為烘烤麥芽時的燃料，因此沒有蘇格蘭威士忌中常有的煙燻焦香味。

3. 愛爾蘭威士忌比較適合製作混合酒和與其他飲料混共飲（如愛爾蘭咖啡）。國際市場上的愛爾蘭威士忌酒的度數在40度左右。幾乎所有的愛爾蘭威士忌都採混合調配，除了常用的未發芽大麥、小麥與黑麥外，甚至還會使用燕麥，愛爾蘭威士忌中大麥的天然風味更明顯。

（三）美國威士忌 (American Whiskey)

　　美國是生產威士忌酒的著名國家之一，同時也是世界上最大的威士忌酒消費國，美國威士忌酒以優質的水、溫和的酒質和帶有焦黑橡木桶的香味而著名，其最風行的就是「波本威士忌」(Bourbon Whisky)，這是一種以玉米為主要原料釀造的威士忌，味道辛辣強烈，酒液呈琥珀色，晶瑩透亮，酒香濃郁，口感醇厚、回味悠長，也經常用於調酒，具有男性魅力，更是享譽世界（圖 2-22）。

　　波本威士忌源於美國肯塔基州波本鎮，由於波本鎮民祖先多為西元 16、17 世紀移居美國的法國移民，為懷念其故國波旁王朝而命名。在美國以玉米為原料製造威士忌始於 1789 年，由美國肯塔基州高特鎮的耶里加牧師 (Elijah Craig) 所創，早期的玉米威士忌經由後人不斷的研究改良逐漸演變成為波本威士忌。

　　美國蒸餾歷史可追溯至 17 世紀，從歐洲移民所帶來的蒸餾技術，初期的美國威士忌，以裸麥為原料 18 世紀末因穀物生產過剩才開始使用玉米製酒。南北戰爭後美國產量大幅成長；但在 1920 年美國因實施禁酒令的限制，使得美國威士忌一蹶不振，直到 13 年以後才廢止。美國威士忌業者利用現代技術又復興起來，美國調合威士忌，口感清爽者居多，深受美國國人喜愛（圖 2-23）。

圖2-22　波本威士忌 (Bourbon Whisky)

圖2-23　美國威士忌(American Whiskey)

（四）加拿大威士忌 (Canadian Whisky)

加拿大威士忌是「全世界口感最清淡的威士忌」，有綠色大地的原始韻味，口味細膩、酒體輕盈淡雅，是最推崇的特色，特別適宜作為混合酒的基酒使用（圖 2-24）。

圖2-24　加拿大威士忌(Canadian Whisky)

加拿大威士忌主要原料、釀造方法及酒體風格等方面與美國威士忌酒比較相類似。加拿大威士忌始於 1775 年美國獨立戰爭後，反對獨立的人移居加拿大北方，開始生產穀物，後因生產過剩，部分麵粉業者和製造業者並兼釀製威士忌，1861 年開始外銷至美國。美國在 1920 年因實施禁酒令，瀕臨美國的加拿大便大規模生產威士忌，以供應美國市場，為日後奠定了屹立不搖的基礎。

幾乎所有的加拿大威士忌都屬於調和式威士忌，以連續式蒸餾製造出來的穀物威士忌做為主體，再以壺式蒸餾器製造出來的裸麥威士忌 (Rye Whiskey) 增添其風味與顏色（圖 2-25）。由於連續式蒸餾的威士忌酒通常都比較清淡，在蒸餾完成後，需要裝入全新的美國白橡木桶或二手的波本橡木桶中陳年超過三年始得販售。有時酒廠會在將酒進行調和後放回橡木桶中繼續陳年，或甚至直接在新酒還未陳年

圖2-25　麥威士忌(Rye Whiskey)

之前就先調和。

（五）日本威士忌 (Japanese Whisky)

　　介紹日本的威士忌，不能錯過「日本威士忌之父」竹鶴政孝 (Masataka Taketsuru)（圖 2-26）。竹鶴政孝出生於清酒世家，至蘇格蘭學習威士忌的釀製，回國後幫助三得利 (Suntory) 的鳥井信治郎建立全日本第一座蒸餾廠─山崎蒸餾所 (Yamazaki)。日本正式生產威士忌是從三得利 (Suntory) 公司開始（圖 2-27），生產方法採用蘇格蘭傳統工藝和設備，從英國進口泥炭用於煙燻麥芽，從美國進口白橡木桶用於貯酒，甚至從英國進口一定數量的蘇格蘭麥芽威士忌原酒，專供調和自產的威士忌酒。

圖2-26
竹鶴政孝(Masataka Taketsuru)

圖2-27　三得利「山崎」為日本威士忌著名廠牌

　　日本威士忌酒按酒度分級，特級酒含酒精 43％（體積），一級酒含酒精 40％（體積）以上。年分較長的威士忌較濃，口感較厚，較香滑。威士忌口感辛辣不易與其他材料融合，通常多喝純酒，或是加水與冰塊的稀釋，以威士忌為基酒的調酒並不多。

三、白蘭地(Brandy)

　　有「蒸餾酒之后」稱號的白蘭地，可說是水果蒸餾酒的統稱，為長期熟成的基酒，將葡萄果實去皮發酵之後再蒸餾出來的就是白蘭地，但通常是要將白蘭地置於橡木桶裡一段時間醞釀後，才會包裝成瓶裝出售，按國際慣

圖2-28　白蘭地(Brandy)

例，白蘭地指的就是以葡萄酒爲原料所醞釀出來的酒（圖 2-28）。若用葡萄酒以外的水果蒸餾的，則須冠上水果名，例如「櫻桃」白蘭地、「蘋果」白蘭地、「梨子」白蘭地等。

法國是世界第一位生產白蘭地的國家，其次爲義大利、西班牙、美國和希臘等地區。想要得到合格的白蘭地，需要極爲重要的步驟，那就是調配，調配也稱勾兌，是各葡萄酒廠家絕不外傳的機密，作爲白蘭地調配大師，不僅需要精深的釀酒知識，豐富的實踐經驗，而且需要異常靈敏的嗅覺、味覺和藝術鑒賞能力。最好的白蘭地是由不同酒齡的許多種白蘭地勾兌而成的。干邑白蘭地的釀製可說絕不是技術加工工程，而是藝術加工的過程。

（一）白蘭地的釀製

任何一種葡萄酒都能蒸餾成白蘭地，而以白葡萄所釀製的白蘭地，更令人喜愛。剛完成發酵，仍含有活性酵母菌的葡萄酒能製造出較佳的白蘭地，即使是優良的葡萄酒，若年分過久，所生產出來的仍是粗劣的白蘭地。

1. 一般而言，塔式蒸餾器的蒸餾酒精度接近85%(170proof)，若超過85%，則必須註明是「無色白蘭地」(Neutral Brandy)。白蘭地至少必須貯存於橡木桶內兩年使其成熟，否則瓶上要標示「未成熟」(Immature)。通常，標籤上若未標明年份，表示其年份在3～8年之間。

2. 蒸餾後的蒸餾液需加入軟水以降低酒精度至51%(102proof)，然後置於容量50加侖的橡木桶內貯存。裝桶時，唯一的添加劑，是少量的焦糖以增添色澤，大部分裝瓶時，酒精含量約42%(84proof)。

（二）產區

世界各國均有生產白蘭地，只要有生產葡萄的地方，就有生產葡萄酒及白蘭地。但其中以法國的「干邑白蘭地 Cognac」和「雅邑白蘭地 Armagnac」最有名，這兩地出產的白蘭地，以地名爲酒名，在世界上廣受愛飲者的喜愛。Cognac 與 Armagnac 的特色，主要是 Cognac 高雅，而 Armagnac 活潑的舌感爲其特徵。位於法國西南部的干邑區 (Cognac)，擁有得天獨厚的環境，富含白堊質的土壤、溫和舒適的海洋氣候、充裕溫暖的陽光，當然還有當地百年承傳的技術，都是造就干邑白蘭地的豐富口味的幕後功臣，因此生產出世界上最優良的白蘭地酒。

法國當局在 1909 年制訂相關法令明確界定干邑區的範圍，並依據土壤，氣候的不同分成 6 個產區。法國干邑白蘭地 (Cognac) 位於波爾多北部，濱臨大西洋，可劃分為 6 區，品質最好、價格最高的是在大香檳區，最低是在普通林區（圖 2-29）。大香檳區的土壤中，鈣質成分最多，氣候也最穩，生產的白蘭地高雅而香濃，根據品質及價格由高至低分別為：

1. 大香檳區(Grande Champagne)占3%
2. 小香檳區(Petite Champagne)占6%
3. 邊林區(Borderies)
4. 優質林區(Fins Bois)
5. 良質林區(Bons Bois)
6. 普通林區(Bois Ordinaires)

圖2-29　干邑白蘭地Cognac

（三）白蘭地的標示法

　　大部分的干邑白蘭地是混合多個產區做出來的，等級由低至高如下：

1. 三星：酒在混合時不同年份的酒其最年輕的酒儲存最少需3年。

2. V.S.O.P：Very Superior Old Pale.，調配中最年輕的酒至少需陳年5年。

3. NAPOLEON：代表調配好的白蘭地最年輕的酒需7年。

4. X.O：Extra Old.酒齡有25年。

5. LouisXIII：50年以上

表2-3　白蘭地標示法

記號	年份	備註
★★★ /V.S	3 ～ 4 年	Very Superior
V.S.O.P	4 ～ 5 年	Very Superior Old Pale
NAPOLEON	6 ～ 7 年	
X.O.	8 ～ 12 年	Extra Old
EXTRA	15 年以上	

註：以上年分表示法只限於法國Cognac與Armagnac地區所生產的白蘭地

（四）依葡萄產地分

最好的是「Grande Champagne 大香檳區」，其次是「Petite Champagne 小香檳區」，及干邑區其他的白蘭地。若是只使用大香檳區的原酒調配小香檳區的原酒，並且大香檳區的原酒使用 50% 以上，那就可稱為「Fine Champagne 優質香檳」－干邑白蘭地。標示為「Grande Champagne」、「Fine Champagne」的干邑白蘭地，品質與價格也更高。

而雅邑白蘭地 (Armagnac) 必須由當地生產的葡萄在當地釀製，並且使用當地的橡木桶貯存，其中年份標示 VO.、V.S.O.P 及 Reserve 必須在橡木桶內貯存達 4 年半以上；而 Napoleon，XO，EXTRA 及 Vielle Reserve 則必須在橡木桶內貯存達 5 年半以上。經過檢驗合格後，才准許使用「雅邑」標示，並規定在酒標上必須載明年份（圖 2-30）。

圖2-30　雅邑白蘭地Armagnac

雅邑白蘭地除了干邑之外還有另一個產地，產區較小，位於干邑區的南方，下雅邑區的產量最大，占總數的 50% 以上，以品質及價格高低分別為：

1. **下雅邑區(Bas-Armagnac)**，因使用當地生產的黑橡木(Black Monlexum Oak)所製成的橡木桶儲存白蘭地而得名。黑橡木的強烈花香味，甜味及單寧酸會快速被酒所吸收，使酒加快成熟。
2. **鐵納茲黑茲區(Tenareze)**
3. **上雅邑區(Haut-Armagnac)**

四、伏特加(Vodka)

堪稱「酒中鑽石」的伏特加 (Vodka)，是從俄文的「生命之水」一詞當中「水」的發音「Voda」演變而來（圖 2-31）。伏特加本身無色、無味也無植物香氣，是最好用的基酒，也是世界各大調味雞尾酒的鼻祖和必用酒，以伏特加為雞尾酒就多達 60 餘種，常見的有血腥瑪麗 (Bloody Mary)、螺絲起子 (Screwdriver)、鹹狗 (Salty Dog)、黑色俄羅斯 (Black Russian) 等等。

伏特加與俄羅斯的淵源可追溯到 14 世紀，當時是俄羅斯傳統飲用的蒸餾酒，

圖2-31　伏特加(Vodka)

伏特加在俄羅斯已有 500 多年歷史，酒精度數極高，在二次大戰期間，陪伴俄羅斯將士度過漫長寒冬，後來傳入波蘭及丹麥等波羅的海沿岸國家，它不僅是波蘭和俄國的國酒，也是北歐寒冷國家十分流行的烈性飲料。

（一）釀製過程

伏特加的釀造原料為玉米、大麥、小麥、裸麥，北歐或俄羅斯有部分地方也會以馬鈴薯為釀造原料。伏特加的基本製程是將原料糖化、發酵以後，倒入連續式蒸餾機蒸餾。由於伏特加用的是酒精濃度相當高的蒸餾液，所以原料上的差異並不會對成品的風味造成多少影響。再來是把蒸餾所得的烈酒加水，把酒精濃度調降到 40 ～ 60% 後，以白樺木活性炭過濾。過濾才是決定伏特加氣味的最重要工程。

原則上，酒液與活性炭接觸的時間愈長，品質愈高。就細部技術層面而言，活性炭的品質、過濾塔中活性炭層的厚度，以及酒液通過活性炭層的速度等，都是影響品質的關鍵。近年來美國、法國等國出現大膽使用水果等原料釀造的伏特加作品，但要論歷史悠久與純粹道地，仍以波蘭或俄羅斯等傳統產國為主。現世界所產之 Vodka 大都由英美所製是以馬鈴薯＋雜糧，經發酵成為酒膠，再經二次蒸餾成為伏特加的原酒，把第二次蒸餾而得原酒的精餾部分，就是除去頭酒與尾酒的中間部份加以過濾，即成為伏特加酒成品。

（二）主要生產國

1. 俄羅斯：是VODKA名稱由來國，原意為小水的意思，在此之前稱為麵包酒。相傳於14世紀此種麵包酒只能釀造給俄羅斯大公飲用，直到18世紀中才於小酒館以相當貴的價格販售，且酒精濃度皆無高於40%；VODKA正名是在西元1751年伊莉莎白女王頒布的伏特加蒸餾廠的法令，主要特色為強勁豐厚。

2. 波蘭：中古世紀的波蘭蒸餾伏特加多半是藥用，1534年波蘭人發現加入野牛草在伏特加中可增加生育率與性慾；其中最有名的即為野牛草伏特加。16世紀末波蘭即大量生產伏特加，但所有過程都是原始且粗糙的，直到18世紀末東波蘭才有較現代的量產蒸餾廠。1925年起精釀伏特加已成為波蘭政府獨家的產業。二次大戰後所有蒸餾廠都被共產政府接手直到蘇聯瓦解才回歸開放。主要特色為細緻優雅。

3. 烏克蘭：伏特加在烏克蘭文原指私釀酒或威士忌，最有名的是辣椒伏特加，讓伏特加有類似苦艾酒的感覺，也常有以蜂蜜或薄荷釀造的伏特加，以製造出不同材料的特殊口感。

　　雖然伏特加在東歐和北歐國家（伏特加帶）的傳統上是應該以淨飲的方法品嘗，但當它在其他的國家大眾化後已經越少人用傳統飲法品嘗它的獨特口味。近年更多人喜歡將伏特加加上其他飲料或以雞尾酒，較知名的有俄羅斯的 Stolichaya、美國的 Smirnoff 和瑞典的 Absolut，另方面則有帶香味的浪漫伏特加如「盧伯加草 Zubrowka」、Flavored Class. 水果味伏特加。而產自人口僅有一萬的瑞典南部小鎮的絕對伏特加 (Absolut Vodka) 是世界知名的伏特加酒品牌（圖 2-32）。

圖2-32　絕對伏特加(Absolut Vodka)

五、琴酒(Gin)

　　琴酒又稱杜松子酒，最早原本是利尿解熱的特效藥，為 17 世紀中荷蘭賴登 Leiden 大學席爾華斯 (Franciscus Srlvius) 教授為保護荷蘭人免於感染熱帶疾病，把杜松子 (Juniper) 和其他香料浸泡在酒精中予以蒸餾後，研發調製而成的退燒劑（圖 2-33）。後來人們發現這個杜松子酒清香爽口，口味協調，逐漸演變成普遍飲用的酒。17 世紀末傳

圖2-33　杜松子(Juniper)

到英國後，因政府大力推廣扶持，加上水質天然條件好，從此躍昇為最重要的琴酒生產國。

　　Gin 緣於法語「Geninevre」杜松子的發音，意思即是杜松子酒，後來被英國簡化縮寫為 Gin。琴酒不需放在橡木桶中熟成，所以透明無色，是近百年來調製雞尾酒時，最常使用的基酒，被喻為六大基酒之首、雞尾酒的靈魂指標，也因此以琴酒為材料的雞尾酒配方種類繁多，配方多達千種以上，故有「雞尾酒心臟」之稱。如知名的馬丁尼 (Martini)、琴湯尼 (Gin tonic) 及新加坡司令 (Singapore sling) 等。

（一）琴酒的釀製

　　琴酒釀製原料是雜糧、大麥、裸麥，將這些原料以連續式蒸餾機蒸餾，過程中加進植物性成分，除杜松子外，還加入其他藥草、香草等，再用單式蒸餾機蒸餾，以溶合出各成分的香味。而植物性成分中，除杜松子外，還使用胡荽、鄉鳶尾、葛縷子、肉桂、當歸、桔子或檸檬皮等，至於詳細配方與比例，則是各廠家不可說的機密。

　　不同種類的琴酒有著顯著的品質差異，琴酒因口味不同，可分為 2 大類：

1. **荷式琴酒(Dutch Gin)：**琴酒(Jenever)可以說是荷蘭的國酒，以大麥及裸麥為主要原料，採單式蒸餾。荷式琴酒色澤透明清亮、酒香濃郁、辣中帶甜，風格突出。適合純飲或加冰塊飲用，不宜當混合酒基酒，酒度為50度左右（圖2-34）。

2. **英式琴酒(Dry Gin)：**採連續式蒸餾，以麥芽及五穀為原料，英國琴酒蒸餾後的酒精度較低，故保有較多的穀物特性（雖然蒸餾酒精度低，但是

裝瓶的酒精度卻較高）（圖2-35）。此外，英國水質好，自然影響到酒釀以及蒸餾的烈酒特性，所以英國的琴酒廣受歡迎，需求量不斷上漲。

圖2-34　荷式琴酒(Dutch Gin)

圖2-35　英式琴酒(Dry Gin)

　　主要產品有倫敦不甜琴酒 (London dry Gin)、普里茅斯琴酒 (Plymouth Gin) 及美國琴酒 (American Gin)。此類琴酒非常適合調配雞尾酒，其配方達千種以上，故有「雞尾酒心臟」之稱。

圖2-36　蘭姆酒(Rum)

六、蘭姆酒(Rum)

　　英國曾流傳一首老歌，是海盜用來讚頌蘭姆酒的，也讓蘭姆酒有「海盜之酒」的雅號。17世紀初，擁有蒸餾技術的英國人移民到了西印度群島加勒比海沿岸，利用此地盛產的甘蔗，經研究、改良，成功的釀製出蘭姆酒，當地原住民初飲此酒後高喊 Rumbullion，語首 Rum 意指興奮或騷動之意，也成了蘭姆酒之名（圖 2-36）。這裡也是生產蘭姆酒最有名的地方。

　　蘭姆酒的特色芳香甘醇，適合與可樂、果汁等各式非酒精飲料搭配使用，是調製雞尾酒的主要基酒之一，也常用於糕點的製作（圖 2-37）（圖 2-38）。

圖2-37 哈瓦納俱樂部(Havana Club)，為世界上最好的蘭姆酒之一，
古巴富饒的土地加上良好的氣候，令甘蔗作物茁壯生長

圖2-38 百家得(Bacardi)為全世界銷售第一的蘭姆酒品牌，是很多人對蘭姆酒的第一印象，口感獨
特、氣味香甜，適合加入可樂、汽水或果汁

　　萊姆酒是以甘蔗為主原料製成的蒸餾酒。先將壓榨出的甘蔗汁熬煮，分離出砂糖結晶，再利用製糖所產生的糖蜜加入經發酵、蒸餾程序而成；或製糖過程中剩下的殘渣做為原料經發酵蒸餾過程製成。 根據種類的不同，有些需要在橡木桶中陳年，使酒液染上顏色及香氣；有些則不用貯存。

　　蘭姆酒因產地和製法的不同有許多類型，依顏色與口味一般可分為3種：

1. **白色蘭姆(Light/White Rum)**：酒精濃度35%，蒸餾後直接裝瓶，其特色透明無甜味、口感柔順、風味清爽，很適合與其他清涼飲料混合同飲（圖2-39），西班牙語系國家比較喜歡此型，台灣亦較常飲用白色蘭姆酒。適合調配的有各式果汁、蘇打汽水、可樂、奶油、其他香甜酒與紅石榴汁等。

圖2-39 白色蘭姆(White Rum)

2. **深色蘭姆酒(Dark Rum)**：酒精濃度65%，蒸餾後經橡木桶陳年儲藏，酒色較深，香味濃郁、口感醇厚，適合調製具熱帶風味的水果Punch（圖2-40）。為加強香氣會在製作過程中加入鳳梨汁或針槐的樹液（圖2-41），通常必須放入內側燒焦的木桶中貯存3年以上才算成熟，品質優良的蘭姆酒甚至要貯藏10年以上，深色蘭姆酒也可以像白蘭地般單獨飲用。英語系國家比較偏愛此型。

圖2-40　深色蘭姆酒(Dark Rum)

圖2-42　金色蘭姆(Golden Rum)

圖2-41　針槐樹

3. **金色蘭姆(Golden Rum)**：由以上兩種蘭姆酒混合製造而成，沒有濃蘭姆的雜味，顏色與威士忌相近，口感微甜，香味也介於白色蘭姆和深色蘭姆兩者之間（圖2-42）。

七、特吉拉(Tequila)

　　聞名全球的龍舌蘭酒就是墨西哥的國酒特吉拉 (Tequila)（圖 2-43）。龍舌蘭酒在很早以前就深受墨西哥印地安人的喜愛，在 16 世紀初時，西班牙人入侵墨西哥，因他們傳統飲用的白蘭地喝完了，便以當地生產的龍舌蘭酒替代，做為慶祝戰勝狂歡的用酒。

　　墨西哥人都很愛純飲特吉拉酒，他們的傳統喝法是左手手背虎口處沾上少許鹽，拇指和食指拿著一片檸檬，右手拿酒杯，然後咬一口檸檬、舐一口鹽，再把酒一飲而盡，是極為獨特豪邁的飲用方式。

特吉拉除了可純飲外，也可調製雞尾酒，如風靡全球的瑪格麗特 (Margarita)、特吉拉日出 (Tequila Sunrise) 等，特吉拉酒在全球大約 90 個國家都可以買得到。

（一）特吉拉酒的釀製

特吉拉酒的釀製是由墨西哥一種稱為龍舌蘭 (Agave) 的植物為原料（圖 2-44），經糖化、發酵、蒸餾後產生的一種無色酒。農夫收割龍舌蘭之後，會先把尖長的葉子砍掉，留下稱為龍舌蘭心的莖部，其形似鳳梨，充滿很多汁液，利用其果實，經蒸煮醣化後放入桶中發酵，再以連續蒸餾製成。特吉拉酒酒精濃度為 40%，以出產於 Tequila 這個區的龍舌蘭才能以此標示。

圖2-43　特吉拉(Tequila)

圖2-44　龍舌蘭(Agave)

上等的 Tequila 是用約 17 種天然酵母菌來進行發酵的，它可使酒中具有細緻的風味，其他則是使用人工酵母菌來釀造。當發酵的酒精達 20% 時即開始進行蒸餾，製作時會在銅製單式蒸餾器中蒸餾 3 次，使酒精度達到 45% 或更高，在蒸餾後將酒移入不銹鋼槽或橡木桶中貯存熟成。

（二）龍舌蘭酒的種類（依產區而分）

一般將龍舌蘭果汁發酵後的液汁，經蒸餾出的酒稱為美斯卡兒酒 (Mezcal)。但墨西哥政府規定，特別是在墨西哥特吉拉 (Tequila) 地方所製造優異的美斯卡兒酒，必須含有 50% 以上的藍色龍舌蘭蒸餾酒，才能稱為「特吉拉 (Tequila)」，一般分為白色龍舌蘭、金色龍舌蘭等 2 種。

1. **白色龍舌蘭：**將未經橡木桶儲存熟成，而使酒色呈無色透明者稱為白色龍舌蘭(White Tequila)，具有龍舌蘭酒原有的芳香（圖2-45）。

2. **金色龍舌蘭**：利用橡木桶儲存熟成，會使酒色呈淡琥珀色者稱為金色龍舌蘭(Gold Tequila)，口感較圓潤（圖2-46）。

3. **帶蟲龍舌蘭酒**：除了上述2種，還有一種龍舌蘭酒稱帶蟲龍舌蘭酒（圖2-47）。帶蟲龍舌蘭酒是指在酒中加入小蟲(Gusano Rojo)。Gusano Rojo是生在龍舌蘭上的小蟲，不同的品牌常可見到瓶內有1到5隻的蟲在裡面，同時還會附上一包小蟲在龍舌蘭葉上產生之分泌物所製成的調味包，一邊品嚐這種調味物，一邊飲用龍舌蘭酒是最好的享受。

圖2-45　白色龍舌蘭
(White Tequila)

圖2-46　金色龍舌蘭
(Gold Tequila)

圖2-47　帶蟲龍舌蘭酒

飲調知識庫

蟲的迷思

並非每瓶龍舌蘭酒瓶中都有一隻蟲，只有墨西哥奧薩卡州所產的才會有。當地阿加維龍舌蘭植物上寄生的蛾的幼蟲，加入瓶中似乎是另類推廣方式，與酒等級無關；但如於栽種過程發現此蟲即表示龍舌蘭植物的品質不佳。瓶身如果標示 100% AGAVE，則為最佳龍舌蘭。

2-4 合成酒（再製酒）

合成酒是各大調酒比賽或檢定考試必備材料之一，又叫再製酒，也是打造時尚調酒不可或缺的香甜酒（利口酒）。每公升含糖 100 克以上的酒才能稱為利口酒 (Liquer)，在台灣，利口酒常被拿來調酒或加入甜點增添風味，利口酒又可稱為香甜酒，是西方民間流傳好幾百年的一種「藥酒」，主要是由基酒、水果、藥草、堅果、辛香料、或奶油等加入糖製作而成，類似中國的五加皮、蛇酒。

香甜酒的由來，起源自希臘有「醫生之父」之稱的希波克拉底 (Hippokrates)（圖 2-48），他無意中將蒸餾水和其他材料相溶後，再加上各種不同的香料，便製造出現今風行全球的香甜酒。

早在香甜酒產生之前，已有水果酒的存在，當時是為西餐料理使用，現今的香甜酒則是指，在蒸餾酒中加入藥草、水果、堅果、種子、核仁或香料等配料，經由蒸餾、浸漬或精粹過濾等各種製造方法所製成的。香甜酒種類很多，世界各國都有製造，其配方和製造過程被視為高度機密，而大多是使用兩種以上的方法所製造而成，很少單用一種方法釀造，在國外，等級較佳的利口酒也會當成搭配甜點的餐後酒。

圖2-48 醫生之父希波克拉底 (Hippokrates)的雕像

一、合成酒的種類

（一）中式合成酒

指以酒精、釀造酒或蒸餾酒為基酒，加入動植物性輔料、藥材、礦物或其他食品添加物後，調製而成的酒精飲料，且其抽出物含量不低於 2% 者。（菸酒管理法施行細則第三條）多以浸漬法製成，具有特殊的香氣。約可分為：

圖2-49　天津金星牌「玫瑰露」

1. **花香再製酒：**以基酒調配含有芳香物質的花、葉、根、莖而成的花類配製酒，花名即為酒名。如杭州的「桂花陳釀」、天津金星牌「玫瑰露」、山西杏花村「玫瑰汾酒」等（圖2-49）。

2. **果香再製酒：**以酒基調加入果汁、果實發酵原酒的果類配製酒，通常果名即為酒名。如金棗酒、梅子酒、荔枝酒。

3. **植物藥香再製酒：**以基酒調配植物藥材製成的配製酒。如竹葉青、永康酒（圖2-50）。

圖2-50　永康酒

4. **動物藥香再製酒：**以酒基調配動物性藥材，或加配其他芳香物質加工製成的配製酒，如虎骨酒等（圖2-51）。

圖2-51　虎骨酒

（二）西式合成酒

西式合成酒製造方法有很多，一般分類的方式會以原料來區分，大致上可以分為水果類、種子（堅果）類、香草（藥草）類、奶油類及蜂蜜等類，其含糖量要在 2.5% 以上。其中水果類為香甜酒中產量與品項最多樣化的一類，詳細介紹如表 2-4 所示：

表2-4　西式合成酒一覽表

類別	主要原料及特色	代表酒	圖例
水果類 (Fruits)	本類的合成酒，產量與品項堪稱最多樣化，其中又以柑橘香甜酒最具深度與廣度，也是雞尾酒中的魔術師。柑橘甜酒的酒精濃度高達 40%，在大多數調酒中都是扮演畫龍點睛的角色，一點分量就足夠表現它的影響力。	柑橘酒 (Curacao)、黑醋栗香甜酒 (Creme de Cassis)、櫻桃白蘭地 (Cherry Brandy)、杏桃白蘭地 (Apricot Brandy)、有桃子酒 (Peach Brandy)、黑莓酒 (Black Berry) 等品牌。	
種子 （堅果）類	以植物的種子、核仁、咖啡豆或可可豆作為主要材料所製成的酒。自古希臘時代就有人以肉桂作藥酒，在地中海沿岸一帶仍十分流行。	肉桂酒 (Anisette)、咖啡香甜酒 (Coffee Liq-ueur)、杏果香甜酒 (Amaretto) 等。	
香草 （藥草）類	從香草或藥草中萃取出成分，所以會刺激腸胃，有促進食慾的功效。適合當餐前開胃酒的酒，此類酒算是香甜酒類的高級品。	班尼迪克丁香甜酒 (Benedictine D.O.M)、茴香酒 (Anisette)、金巴利酒 (Campari)、苦艾酒 (Absi-nthe)、薄荷酒(Crème De Mint) 等。	
奶油類	以蛋及鮮奶油為原料所製造的利口酒，特色是具有濃厚的奶油香甜味。酒精含量在 22 ～ 32% 之間，糖分在 40 ～ 50% 之間。	愛爾蘭香甜奶酒 (Bailey's Irish)、可可香甜酒 (Creme De Cacao)、奶酒 (Creme Liqueur)、蛋酒 (Egg Brandy)、杏仁酒 (Amaretto De Saronno) 等。	
蜂蜜類	蜂蜜酒的製造歷史僅次於啤酒和葡萄酒，英格蘭的康瓦爾半島至今還保留著古老的釀法。其老式的作法是用蜂蜜加上葡萄酒和蒸餾酒，製成的酒就是蜂蜜酒；新式的作法是用蜂蜜加上蒸餾酒，再配上香料和藥草，成為現代的蜂蜜酒。酒精度大約在 16% 左右。	英國蜂蜜香甜酒 (Drambuie)（意思是「滿意之杯」）、愛爾蘭之霧香甜酒 (Irish Mist)、蘇格蘭威士卡香甜酒 (Lochan Ora) 等。	

二、合成酒的製造方法與飲用時機

（一）合成酒的製作方法

可以分為蒸餾法（Distilled）、浸漬法（Saturated）、滲濾法（Percolation）和香精法（Blended）4 種，製造過程有時會混合使用，以達到最佳的香氣、色澤和口感，也是最廣泛應用在雞尾酒調製的酒類。

1. **蒸餾法(Distilled)**：在蒸餾的過程中，或蒸餾之後添加香料、藥草等材料製成的酒，即為再製酒（又稱為香甜酒Liqeurs）。一般以無色烈酒、白蘭地、琴酒或其他蒸餾烈酒與水果、花卉、植物及其他天然香料混合之後再過濾，過濾、浸化是再製酒製造上最重要的手法，而蒸餾則是必要的過程。此一方法製造的品質為最高級。

2. **浸漬法(Saturated)**：將配料浸入基酒中，浸泡一段時間後使酒裡充滿配料的香味，再把配料濾出，將香味流在基酒中。這種製造法的儲存時間較短。

3. **滲濾法(Percolation)**：將配料放在網內，再放置酒槽中，並將酒槽內的基酒利用幫浦上下抽動，濾出配料的香味與成分，此方法現在已經很少使用了。

4. **香精法(Blended)**：直接將香精加入配料中，或將合成品加入基酒中，增加香味、色澤、口感，因為此法是以合成的方法製成，又稱合成法，製成的品質很差，法國已嚴禁使用此法。

圖2-52 　開胃酒通常作為餐前飲用的酒精飲料，以刺激食慾

（二）飲用時機

　　喝開胃酒對法國人來說是一天中最輕鬆的時刻，也是飯前人們放鬆的飲餐前酒 (aperitif)，泛指在進餐前飲用的酒精飲料，通常作為餐前飲用的酒精飲料，以刺激食慾（圖 2-52）。餐前酒一般酒體較輕，不會含有很多的成分（如奶油、蛋清等），更不會有過量的糖分。

1. **餐前酒(Aperitif Wine)：**當餐前開胃酒的酒有很多，其中大多數都是屬於調配類的再製酒，就是在葡萄酒或是烈酒中加入許多的藥草、香料等再釀製、浸泡而成的。因為其含有許多藥草和香料的成分，能夠刺激腸胃，有促進食慾的功效。一般適合當開胃餐前酒的酒有：

   (1) 苦艾酒(Vermouth)：是以葡萄酒為基酒，再加入苦艾花、奎寧皮、胡荽等數十種含有苦味的藥材，攪拌、浸泡而成，具有神開胃、幫助消化的作用；一般可以分為甜型苦艾酒(Rosso Vermouth) 跟不甜型苦艾酒(Dry Vermouth)（圖2-53）。

圖2-53　苦艾酒(Vermouth)

   (2) 雪莉酒(Sherry)：適合當開胃酒的烈酒，僅有產自西班牙南部的雪莉酒酒精度比較低，帶著蘋果與酵母香氣的Fino雪莉酒，或者口味更細緻的Manzanilla才適合在餐前喝。如Manzanilla、Fino、Amontillado、Oloroso、Cream等。

   (3) 金巴利酒(Campari)：以烈酒為基酒，加入苦柑、茴香、胡荽、龍膽草根等多種藥材，使用酒精和水，浸泡香草、芳香植物和水果的烈性

圖2-54 杜本內酒(Dubonnet)

酒,具有獨特的色澤,一般都加蘇打水飲用。

(4) 杜本內酒(Dubonnet):這款酒的歷史有150多年了,一直是人們最喜歡的餐前酒之一,在大西洋的兩岸都很盛行。口感比較甜,帶有藥草的風味,微微有點苦。以紅葡萄酒為基酒,帶有奎寧味,可調製成雞尾酒。法國Dubonnet酒精度為16%,開胃葡萄酒通常都加有奎寧,可純飲或加冰塊飲用,亦可摻入蘇打水、奎寧水或調製成雞尾酒(圖2-54)。

(5) 茴香酒(Anise Flavored Spirit):由甘草、茴香樹酒精製成(八角茴香),酒精度數在40%到45%之間,是將八角茴香加入烈酒中調配而成,糖分含量低,適合作開胃

2. **飯後酒(Dessert Wine)**:在國外,等級較佳的利口酒也會當成搭配甜點的餐後酒。餐後酒是一種就餐後飲用、可以促進消化的酒精飲料,酒精度一般比較高,通常為35%～50%。歐洲人習慣在餐後飲用一杯餐後酒,不過近年來,也逐漸被推廣到其他國家所開的歐式餐館,如美國、加拿大等國。一般適合促進消化的餐後酒有:

(1) 波特酒(Port):法國一直是全世界喝最多波特酒(Port)的國家,味道偏甜,配搭濃味的甜品如巧克力是不二選擇,世界頂級的波特酒都來自葡萄牙Oporto(圖2-55)。

(2) 愛爾蘭香甜奶酒(Bailey's Irish):可搭配冰淇淋一起食用,是很適合的餐後酒。

圖2-55 波特酒(Port)

2-5　酒類辨識

　　無論釀酒師、品酒師、酒商、專家、葡萄酒相關行業從業人員或愛好者，都得學會辨識下列 24 支酒的產區、原料與釀造法、酒精度以及口味香氣和特色，其中辨別香氣為最困難的環節（表 2-5）（圖 2-56）。一旦夠辨識這些香味，品酒的功力則如虎添翼，更能享受葡萄酒中的樂趣。

表2-5　24支主要酒類辨識比照表

序號	酒名	酒款產區	品種/原料	釀製法 /年份	酒精度	口味 / 顏色 /香氣	備註
1	干邑 Cognac VSOP	法國干邑區	葡萄	蒸餾	40%	濃郁香醇 深琥珀色	
2	蘇格蘭調合威士忌 Blended Scotch Whisky	蘇格蘭	20% 中性酒精裝瓶，80%Proof 酒精度，穀類（大麥、裸麥或玉米）	蒸餾 / 存 3 年	40%	琥珀色 煙燻泥煤味	
3	蘇格蘭單一純麥威士忌 Single malt Scotch Whisky	蘇格蘭	使用同一蒸餾廠、不同橡木桶純麥 Whisky 調配而成	蒸餾 / 存 3 年以上	40%	淡琥珀色 香醇	
4	波爾本威士忌 Bourbon Whiskey	美國	51% 玉米穀物發酵	陳年 /2 年	不得低於 40%，且不得高於 62.5%	琥珀色 玉米味	
5	伏特加 Vodka	原產地：俄羅斯	馬鈴薯 + 穀物	蒸餾	40%	無色味	生命之水、鑽石酒
6	琴酒 Gin	原產地：荷蘭 主產地	穀物 + 杜松子	蒸餾	40%	利尿、健胃、解熱 最早是醫藥	雞尾酒的心臟之王
7	特吉拉 Tequila(Color is an option)	墨西哥	龍舌蘭（特吉拉鎮產）	蒸餾	40%	白：未經橡木桶儲存 黃：儲存一年，有特殊嗆味	沙漠之酒、沙漠甘泉
8	深色蘭姆酒 Dark Rum	西印度群島	蔗糖蜜	蒸餾	40%	深琥珀色，焦糖味	
9	白色蘭姆酒 White Rum	西印度群島	蔗糖	蒸餾	40%	透明清爽，多用在調酒	
10	甘蔗酒 Cachaça	巴西	甘蔗	蒸餾	40%	透明，甘蔗渣味	
11	不甜苦艾酒 Dry Vermouth	義大利	白葡萄酒 + 香料藥草	釀造酒	18%	紹興酒味	
12	紅多寶力酒 Dubonnet Red	法國	紅葡萄酒 + 香料藥草	釀造酒	14%	紅棗味	

（續下頁）

（承上頁）

序號	酒名	酒款產區	品種/原料	釀製法 / 年份	酒精度	口味 / 顏色 / 香氣	備註
13	香橙干邑香甜酒 Grand Marnier	法國	Cognac+ 曬乾橙皮	混成酒 再製酒	40%	香橙柑橘味	
14	黑醋栗香甜酒 Crème de Cassis	法國	以蒸餾酒為基酒浸泡黑醋栗	再製酒	15%	黑佳麗軟糖味	
15	白柑橘香甜酒 Cointreau (Triple Sec)	法國	Cognac 干邑	再製酒	39%	橙皮味	
16	班尼狄克丁香甜酒 Bénédictine	法國	以白蘭地為基酒＋茴香、香草、果皮、香料、藥材	混成酒 再製酒	40%	菊花茶味	
17	深可可香甜酒 Brown Crème de Cacao	法國	蒸餾酒＋可可豆＋香草	混成酒 再製酒	25%	可可味 甘草味	
18	咖啡香甜酒 Crème de Café	法國	蒸餾酒＋咖啡	混成酒 再製酒	20%	濃郁咖啡酒精味	
19	卡波內索維濃 Cabernet Sauvignon	法國梅多克 (Medoc)	葡萄	釀造酒	8～14%	年輕：青草、青椒黑莓、李子、黑醋栗 成熟：咖啡、煙草 橡木桶陳年：西洋杉與香草味	最好的紅葡萄品種
20	美洛 Merlot	法國波爾多區 (Bordeaux)	葡萄	釀造酒	8～14%	年輕：黑莓、藍莓、青椒 成熟：帶黑巧克力、李子蜜餞	
21	黑皮諾 Pinot Noir	法國勃根地香檳區	葡萄	釀造酒	8～14%	典型的黑櫻桃香料、覆盆子與醋栗風味	最好的紅葡萄品種，最難繡及嬌貴
22	白索維濃 Sauvignon Blanc	法國波爾多區 (Bordeaux)	葡萄	釀造酒	8～14%	酸度高，辛辣濃郁，有時會有煙燻味、蔬菜與麝香醋味	主要用在釀造年輕不甜白酒
23	雷絲林 Riesling	德國萊茵區	葡萄	釀造酒	8～14%	優雅花香、蜂蜜、蘋果、水蜜桃，不甜到微甜，為最濃郁甜美的冰酒	
24	夏多內 Chardonnay	原產法國勃根地產區	葡萄	釀造酒	8～14%	年輕時有蘋果、鳳梨、哈密瓜等水果味，適合儲存橡木桶，頂級 Chardonnay 更有榛果味	最受歡迎的白葡萄品種之一

圖2-56　酒類辨識實際照片

NOTE

葡萄酒

　　葡萄酒可說是目前世界上產量最大、也是最普及的釀造酒。近年來，台灣學習葡萄酒的風氣已逐漸累積成一股熱潮。大多數酒窖、酒商或餐酒館常不定期舉辦各種形式的品酒會或餐酒會，吸引許多同好齊聚，藉由品酒進一步探索品酒觀念及知識，業者透過這些活動邀請葡萄酒專家解說葡萄酒知識及品飲技巧，以及餐與酒搭配的撇步；甚至一本日本人氣品酒漫畫「神之雫」，在故事的推動下，不僅在亞洲掀起了一陣紅酒流行旋風，更引發一股對紅酒文化與品味的追求，也帶動葡萄酒的商機。

學習重點

1. 認識世界10大知名典型的葡萄品種。
2. 瞭解葡萄變葡萄酒的過程。
3. 甚麼是決定葡萄酒的特性和品質。
4. 如何服務葡萄酒與品酒。
5. 成為侍酒師必備的專業知識。
6. 探索葡萄酒5大酒莊。

葡萄酒可說是目前世界上產量最大、也是最普及的釀造酒。近年來，台灣學習葡萄酒的風氣已逐漸累積成一股熱潮。大多數酒窖、酒商或餐酒館常不定期舉辦各種形式的品酒會或餐酒會，吸引許多同好齊聚，藉由品酒進一步探索品酒觀念及知識，業者透過這些活動邀請葡萄酒專家解說葡萄酒知識及品飲技巧，以及餐與酒搭配的撇步；甚至一本日本人氣品酒漫畫「神之雫」，在故事的推動下，不僅在亞洲掀起了一陣紅酒流行旋風，更引發一股對紅酒文化與品味的追求，也帶動葡萄酒的商機（圖 3-1）。

圖3-1　日本人氣品酒漫畫「神之雫」

自 90 年代經濟繁榮以來，葡萄酒從餐廳進入到家庭，品嚐葡萄酒已成為一種時尚品味的指標。在歐洲，因葡萄酒擁有悠久歷史，尤其是法國，葡萄酒文化早已融入法國人的宗教、政治、文化、藝術及生活的各個層面，與人民生活息息相關，不僅展現了法國人對精緻美好生活的追求，也是法國文明和文化不可分割的一個重要部分。

近幾年，台灣喜愛飲用葡萄酒的人口急遽增加，品酒文化也逐漸脫離應酬交際的印象，自 2002 至 2011 年之間，台灣已成為亞洲第 5 大葡萄酒進口國，消費量更是呈 3 倍成長（圖 3-2）。

圖3-2　近年來台灣喜愛飲用葡萄酒的人口急遽增加

3-1　基本知識及主要品種

　　全球各地種植用來釀製葡萄酒的葡萄品種有上千種，其中以歐洲根源的葡萄品種 (Vitis Vinifera) 居多。但能釀製出上好葡萄酒的葡萄品種只有 50 種左右，不同的品種，或混合品種，都各有其特色，即使是相同的品種，也會因葡萄的成熟度、產量和病蟲害的影響，而各有不同的氣味。全球葡萄品種前 3 大生產國為法國、義大利和西班牙。卡本內・蘇維濃 (Cabernet Sauvignon) 是高貴的紅酒葡萄品種之王，是最受歡迎的黑色釀酒葡萄，也是栽培歷史最悠久的葡萄品種（圖 3-3），卡本內・蘇維濃和夏多內 (Chardonnay) 都是世界上最為廣泛栽培的葡萄品種（圖 3-4）。

圖3-3　卡本內・蘇維濃(Cabernet Sauvignon)

圖3-4　夏多內(Chardonnay)

　　從葡萄品種的外觀顏色來看，可以將葡萄品種分類成兩大類，色澤深的葡萄品種簡稱為紅葡萄；色澤淺的葡萄品種簡稱白葡萄（圖 3-5、圖 3-6）。世界 10 大知名典型的葡萄品種整理如表 3-1 所示：

圖3-5　紅葡萄

圖3-6　白葡萄

表3-1 世界10大知名典型的葡萄品種

名稱	產地	特性	品種
卡本内・蘇維濃 (Cabernet Sauvignon)	法國波爾多 (Bordeaux)	顏色深；單寧含量特高；耐久存。辛辣具青澀味，口感豐富多變。	紅葡萄酒
黑皮諾 (Pinot Noir)	法國布根地 (Burgundy)	顏色較淡；酸度更高，有水果香味及特殊個性。	紅葡萄酒
梅洛 (Merlot)	波爾多、加州、義大利	單寧量不高，果香濃郁而甜潤，口感柔順，酸度低。	紅葡萄酒
嘉美 (Gamay)	法國薄酒萊 (Beaujolais)	單寧含量非常低，口感清淡，富含新鮮果香。	紅葡萄酒
席哈 (Syrah)	法國隆河谷地北部	單寧含量高，粗曠豪邁，酒香濃郁且豐富多變。	紅葡萄酒
夏多内 (Chardonnay)	法國布根地 (Bourgogne)	酒勁有力，果香濃郁，味道層次豐富。	白葡萄
白蘇維儂 (Sauvignon Blanc)	法國波爾多 (France Bordeaux)	酒味酸辛辣，酒香濃郁且風味獨具。	白葡萄
薏絲玲 (Riesling)	德國	具淡雅的花香混合植物香，伴隨著蜂蜜及礦物質香味。	白葡萄
格烏茲塔明那 (Gewurztraminer)	法國阿爾薩斯 Alsace	清新香味以及豐富的熱帶水果味。	白葡萄
蜜思嘉 (Muscat)	世界各地	充滿玫瑰香及熱帶水果香。	白葡萄

3-2　風土條件與釀製過程

　　葡萄的栽種是影響葡萄酒品質的最大因素，從葡萄樹的選擇，犁田翻土、灌溉、除草施肥、剪枝、整枝、害蟲防治，到如何保持葡萄園的健康直到採收，都需要注意，採收後的釀造技術也是影響葡萄酒品質的條件。葡萄酒的特性和品質，由葡萄生長的風土條件，包括自然環境條件、種植與釀造技術和葡萄品種這三個要素所決定。所以葡萄生長的產區和氣候、土壤成分、土壤結構及排水性固然重要，葡萄品種以及栽種過程的健康照顧和釀製工藝，亦不可忽視。

一、風土條件

　　葡萄生長的自然環境條件包括位置、陽光、溫度、地形和土壤，這些因素便是法國人在談論葡萄酒品質時必然強調的「Terroir」一詞。Terroir 指的就是風土（葡萄生長環境的風土特色），而其所涵蓋的內涵包括土壤、氣候（微型氣候）、適合種植的葡萄品種等，這些條件構成葡萄的生長環境，也影響著葡萄酒釀製的特色與風味。分別說明如下：

（一）位置

　　適合葡萄酒栽種的地區位於南北緯 38° 到 53° 之間的溫帶區，俗稱葡萄酒生產帶 (wine zone)（圖 3-7）。葡萄生長的地理環境，包括朝向、坡度、風勢、有無阻擋物存在等。全世界 10 大葡萄酒產區集中於法國、義大利、西班牙、美國、阿根廷、澳洲、德國、南非、智利、葡萄牙。

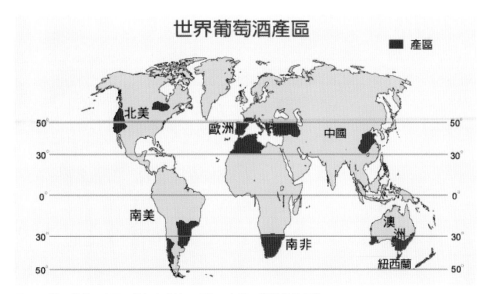

圖3-7　世界葡萄酒產區，位於南北緯38°到53°之間，俗稱葡萄酒帶(wine zone)

Terroir

Terroir 是法文，意思是風土人文條件，每一個葡萄園都有其獨特特性的風土條件。所蘊涵的意義在強調人們對自然條件的尊重，包含土壤、氣候、水質和當地人的手藝等諸多因素。特別是在勃根第地區的葡萄酒，這種表現尤為突出，即便鄰兩塊土地，其土壤、地勢、朝向等因素都大不同，所生產的葡萄也有極大不同，釀出的葡萄酒味道各有不同。

（二）陽光

充足但不強烈的日照，且較適合光合作用的陽光是最合適的。葡萄藤於生長期約需要 1300～1500 小時的日照，陽光照射時間太少會酸，太多則甜。春季葡萄發芽時雨量要充足；成熟時則要乾燥，以免影響葡萄的含糖度，一年需要約 690 公厘的雨量。降雨量及降雨的季節分布，乾燥度以及自然災害性等都會影響葡萄酒的品質。

（三）溫度

溫度影響著葡萄的每一個生長環節，嚴寒和酷熱都會影響葡萄成長的速度，也會影響其甜度與酸度。極高的溫度，加上缺乏水分，會減弱樹冠的活力，甚至可能直接導致葡萄樹的死亡。一般而言，平均氣溫為 10～20℃ 左右，如果溫度降至 -20℃ 以下的話，葡萄園可能會嚴重受損甚至毀滅；如果葡萄園的溫度低於 10℃ 以下，葡萄樹的細胞就不能正常工作，這就是葡萄樹會在冬天進行休眠的原因。在涼爽的地區，葡萄樹發芽較晚，過短的生長期，會使葡萄不能夠完全成熟。如果開花和結果時溫度過低，葡萄的產量自然就會減少；成熟時期溫度過低，葡萄就會糖分不足，酸度過高。

（四）地形

葡萄樹適合種植於向南的山坡或斜坡上，可有較多的日照及良好的排水（圖 3-8）。

圖3-8　葡萄樹生長的地區，要有較多的日照及良好的排水

1. 緯度和海拔：世界上大部分的葡萄園分布在北緯20～52°，及南緯30～45°之間，絕大部分在北半球，海拔高度一般在400～600米。

2. 坡向和坡度：葡萄因較耐乾旱和貧瘠土壤，可以在相對不大範圍內發育根系，所以比其它果樹更適宜在坡地上栽培，然而坡度越大水土流失越嚴重，葡萄園的土壤管理也愈困難，因此，在種植葡萄時應優先考慮坡度在20～25°以下的土地。

3. 水面的影響：海洋、湖泊、江河、水庫等大的水域，由於吸收的太陽輻射能量多，熱容量較大，白天和夏季的溫度比陸地低，而夜間和冬季的溫度比內陸高。因此，臨近水域沿岸的氣候比較溫和，無霜期較長。臨近大水面的葡萄園由於深水反射出大量的藍紫光和紫外線，漿果著色和品質好，所以選擇葡萄園時儘量靠近大的湖泊、河流與海洋的地方。

（五）土壤

土壤的成分、結構及排水性，都會影響葡萄的生長，不同的葡萄品種都有各自適合的土壤。最適合葡萄酒葡萄生長的土壤，排水必須良好，水分容易滲透且容易保留，但又不能太肥沃，才能長出最高品質的葡萄酒葡萄。舉例如下：

1. **黏土(Clay)**：一般肥沃度較高，所以能將更多的營養物質輸送給葡萄樹（圖3-9）。梅洛(Merlot)和霞多麗(Chardonnay)在黏土中的生長狀態就非常好。

2. **沙礫(Gravel)**：傳熱性和排水性均良好，此種土壤非常適合栽培赤霞珠(Cabernet Sauvignon)等晚熟品種，而類似梅洛(Merlot)這樣的品種在此種土壤中反而會承受過大的水壓（圖3-10）。

3. **以石灰岩(Limestone)為基岩的土壤**：通常帶有很高的含鈣量。石灰岩是一層較堅硬的底層土，這讓葡萄樹的根莖難以刺破。法國東部的夜丘地區(Cote d'Or)就集中了這種鈣質的泥灰土，並能出產品質較高的夏多內(Chardonnay)。

圖3-9　黏土(Clay)

圖3-10　沙礫(Gravel)

二、種植與釀造技術

　　各具特色的釀造方法與釀酒設備和貯存方法，例如新舊橡木桶使用的比例，會使所生產出的葡萄酒間具備很大的差異。每一類葡萄酒都具有其特有的色調、葡萄酒香氣和口感，在釀造過程中能以其他釀造技術進行多次調配，使葡萄酒的品質臻於完美發酵結束，開始熟化，一直到葡萄酒裝瓶。這一過程可以持續數月或者數年之久，熟化的目的是使葡萄酒穩定，釀出芳香和味道。緩慢氧化可以使葡萄酒液澄清，排出氣體，同時使色澤穩定，並軟化丹寧酸，使芳香更為復雜。釀造過程堪稱釀造工藝，也會決定葡萄酒的特性和風格（圖 3-11）。

圖3-11　葡萄採收的情形

　　每一粒葡萄都含有天然的酵母菌，世界各地釀製葡萄到葡萄酒的程序差不多，都是去梗、壓榨，再將果汁、果肉、果核和果皮都裝進發酵桶（或罐）中發酵。葡萄經壓榨成葡萄汁後，葡萄中的糖分經由酵母菌的醱酵作用，會產生酒精和二氧化碳，排除掉二氧化碳，成為葡萄酒。酒精濃度達到 16% 時，酵母菌會被殺死，所以通常維持在 8 ～ 14% 之間，發酵完後，需要在酒槽或橡木桶一段時間熟成後才能裝瓶。

　　葡萄酒釀製過程如圖 3-12 所示：

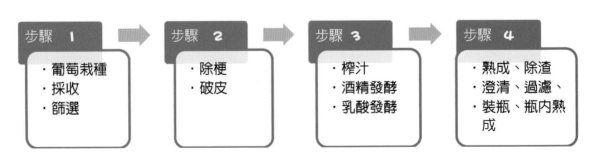

步驟 1	步驟 2	步驟 3	步驟 4
・葡萄栽種 ・採收 ・篩選	・除梗 ・破皮	・榨汁 ・酒精發酵 ・乳酸發酵	・熟成、除渣 ・澄清、過濾、 ・裝瓶、瓶內熟成

圖3-12　葡萄酒釀製過程

1. **葡萄種植與採收**：每一株葡萄樹在種植後第3年就會開始結果，不管葡萄樹齡多久，只有每年新長出來的枝子才會結出葡萄果實；因此，果農每年都必須修剪枝葉以確保該年的產量。現在，釀酒葡萄生長於很多意想不到的國家，已遠超出了以往既定北緯及南緯30°至50°的區域範圍。

2. **除梗、破皮**：果實採收下來後常會需要經過「去梗」的步驟，主要是要將帶有過於苦澀單寧的梗去除，爲提升品質，酒莊往往會將去梗後的葡萄進行篩選，淘汰任何有瑕疵的葡萄及參雜其中的葉子或雜物；而後將果實「破皮」並靜置在有利於酵母生長的環境中，紅葡萄酒酒精發酵過程會帶皮（連皮）發酵，以增添酒色。

3. **酒精發酵**：在與經過破皮的葡萄果實接觸後，酵母菌繁殖增生的過程會將葡萄裡的糖分轉化爲酒精與二氧化碳，被酵母菌合成的除酒精外，其他物質和葡萄中原有的成分，對葡萄酒的品質和風味也是很重要的，如芳香化合物、單寧和有機酸等。不同種類（菌株）的酵母會產釀出不同風味的葡萄酒，適合紅葡萄酒發酵的環境溫度往往會比白葡萄酒高。

4. **澄清、過濾、裝瓶**：紅葡萄酒的陳釀時間可從4個月至4年不等，陳釀過程中，釀酒師時常會使用如蛋白、奶粉、硫酸銅等不同方式澄清紅酒中的雜質。澄清後的紅酒經過「過濾」後裝瓶，但也有許多紅酒爲增添風味及酒體的厚實感而不經過澄清與過濾步驟。

3-3　開酒服務

　　葡萄酒服務是很專業的工作，有一定的步驟和程序，從接受顧客點酒、展示驗酒、調整酒溫、開瓶、過酒、試酒、倒酒等程序都有一定的學問，不是一般外場服務生可以擔任的。國內部分飯店的星級餐廳以及法式餐廳都會延攬有證照的侍酒師來作葡萄酒服務（圖 3-13）。

圖3-13　葡萄酒服務

圖3-14　開酒器(corkscrew)

一、開酒與倒酒步驟

　　葡萄酒的服務流程，先秀酒，標籤朝上，確認點酒無誤後，開酒與倒酒步驟如下：

（一）紅酒開酒與倒酒步驟

打開小刀

沿瓶口下方以順時針方向從 9 點到 3 點方向劃刀

再逆時鐘從 9 點到 3 點劃一刀

以小刀從從切開口將錫箔鉛封拆掉

然後將鉛封及小刀放入口袋

以口布擦拭瓶口

7 以螺旋形開瓶鑽斜插入軟木塞

8 然後轉動螺旋剩下最後一格螺旋

9 一手握住瓶頸，一手將開瓶器支撐桿往上提

10 再將支撐桿往下壓

11 將支撐趕再一次往上提

12 然後將軟木塞輕輕拔出

13 慢慢轉動開瓶器將軟木塞取出，並收起開瓶器。

14 將取出的軟木塞放置碟子上

15 以口布擦拭瓶口

倒酒的方法

1 握酒瓶時，手要握在標籤下方，接近瓶底處。

2 用大拇指頂住瓶底凹洞，另外 4 隻手指扶住瓶身，收口時瓶身要旋轉一下。

3 然後用口布擦拭一下瓶身

倒酒順序

1. 以順時針方向倒酒

2. 長者或女士優先(Lady always First)

3. 主人最後倒酒

（二）白酒的開酒步驟

白酒開酒時，可以直接在冰酒桶開瓶。

1 將酒置於冰桶中冰鎮

2 打開開酒器的小刀

3 用開瓶器的小刀沿瓶口下方以順時針方向圓圈劃刀

4 再逆時鐘從 9 點到 3 點方向劃一刀

5 然後將封蓋取下

6 以口布擦拭瓶口

7 以螺旋形開瓶鑽斜插入軟木塞

8 然後轉動螺旋直到剩下最後一格螺旋

9 依槓桿原理將開酒器頂住瓶口，一手握住瓶頸，支撐桿下壓。

10 再將支撐桿往上提

11 握住支撐桿慢慢轉動軟木塞

12 將軟木塞輕輕拔出，要保持軟木塞完整，並小心不發出聲音。

13 將軟木塞取出，並收起開瓶器。

14 將取出的軟木塞放置碟子上

15 以口布擦拭瓶口

倒酒的方法

1 取出冰杯

2 用大拇指頂住瓶底凹洞，另外 4 隻手指扶住瓶身，主人試酒時約倒 45～60c.c（1/4 杯）。

3 收口時瓶身要旋轉一下，以免酒液滴出，然後用口布擦拭一下瓶身。

（三）氣泡酒開酒與倒酒步驟

1 將酒置於冰桶中

2 把口布折成豆腐巾，將酒瓶拿出冰桶擦乾。

3 取出開瓶器小刀

4 沿著瓶口從逆時鐘方向劃一刀

5 再從順時鐘方向劃一刀

6 去除瓶口錫箔

7

解開鐵絲扣環，去除鐵絲環。

8

以左手握住瓶口處，轉動瓶身，推出瓶塞。

9

將取出的瓶塞放置碟上

倒酒的方法

1

手掌在酒瓶上方，標籤向上。

2

倒酒時，瓶口距離杯口愈進愈好，先倒至氣泡升至杯口時即暫停。

3

等氣泡下降後，再倒至適當的量後才收瓶。

3-4　如何品酒與餐的搭配

　　品酒如同欣賞藝術般，細細思考反覆發掘品酒時口中的層疊芬芳，「顏色」、「香氣」、「口感」成就品酒的 3 大要素，因此品酒需要從視覺、嗅覺和味覺等感官中去體會能夠品味才能真正欣賞。

一、品酒的技巧

　　品酒第一步要先看酒，觀察葡萄酒的瑰麗顏色與光澤；其次再搖酒，搖酒後，迅速的深聞從杯內釋出的氣味，比較靜態下與搖動後氣味的相異之處；第三是聞酒，嗅聞香氣，品玩葡萄酒的奔放香氣；最後才是一口飲下，這樣便完成一個完整的品酒流程。飲下後透過舌頭不同部位感受酸、甜、苦，舌尖是甜味；舌的兩側是酸味；舌根則是苦味。

　　一般白酒須冷藏 9 ～ 12℃、紅酒室溫 18℃，紅酒須醒酒 (Decant) 過濾酒中的沉澱物，讓酒與空氣呼吸使其口感更柔順。

品酒的方法

輕輕搖晃酒杯，使酒液呈漩渦打轉。

觀察其色澤，愈是清澈明亮者，品質愈佳。

將酒杯靠進鼻子，鼻子應在杯口上方，深深吸一口氣，感覺酒的香氣。

先含一口酒在口中，細細品嚐酒的味道，包括甜度、酸度、單寧含量、酒精度等。

品酒的原則

一般品酒的順序要掌握以下幾個原則：

1. 先白葡萄酒後紅葡萄酒。

2. 先喝不甜的，再喝甜的。

3. 先喝年輕的酒，再喝陳年的酒。

4. 先喝質淡的酒，再喝質濃的酒。

5. 先喝質樸的酒，再喝高貴的酒。

6. 先喝酒精度低的酒，再喝酒精度高的酒。

二、餐與酒的搭配

　　佳餚少了美酒，對法國人而言，就如同生命中少了陽光的照耀，失去了滋潤與溫暖。不同的餐點應搭配不同的酒類，在葡萄酒的世界中十分講究。紅葡萄酒、白葡萄酒和汽泡酒是最受歡迎的，也被稱爲淡酒，它們只包含大約 10 ～ 14% 的酒精。葡萄酒搭配食物，是一種以特定食物和特定葡萄酒共同搭配以增加兩者風味的藝術。在很多文化中，葡萄酒是每餐必備的固定飲食，長此以往，一個地區的釀酒和烹飪便緊密地結合了（圖 3-26）。

餐酒搭配的基本原則：

1. 開胃菜：鵝肝醬、生蠔及開胃小品，一般以搭配不甜的白酒爲原則。

2. 白酒搭配纖維較細的白肉雞肉，如魚肉和海鮮。

3. 煎或炸的魚類及蝦蟹類，可搭配玫瑰紅酒。

4. 紅酒搭配纖維較粗的紅肉：如牛肉、羊肉、鴨肉。

5. 豬肉搭濃白酒、玫瑰紅、清淡紅酒或氣泡酒皆可。

6. 小牛肉適合較清淡紅酒或濃郁白酒。

7. 口味濃的菜搭濃郁的酒。

8. 口味淡的菜配清淡的酒。

9. 精緻菜餚搭配精緻酒。

10. 氣泡酒皆可搭配。

圖3-26　不同的餐點搭配不同的葡萄酒

11. 香檳酒當飯中酒。

12. 搭甜點／水果的酒不要酸。

13. 酒醋、酸黃瓜、芥末、咖哩、番茄醬、沙拉醬者，不適合搭配葡萄酒。

14. 風味餐，搭當地葡萄酒。

15. 搭配食物甜酒不可過甜。

　　葡萄酒搭配其實沒有固定的章法，一個地區釀的酒自然搭配這個地區的食物。所謂「葡萄酒搭配的藝術」，其基本思想是，酒和食物的特性（例如口感和味道）各有不同，有的特性可以和諧地結合；有的會互相衝突。找出和諧的元素同時享用，讓整個飲食體驗更加愉快。每道菜可搭配不同的酒，亦可一餐僅搭一種酒，酒與食物的最佳組合因人而異。在高級美食餐廳，侍酒師就會負責向客人推薦搭配食物的酒。

3-5　侍酒師必備知識

　　紅酒是歐美社交的重要一環，也是很多人開始喝葡萄酒的開端，蘊藏了6000多年的智慧、經驗釀成的葡萄酒，已經成為暢銷全球的飲料。葡萄酒可根據成品顏色，分為紅酒、白酒、粉紅葡萄酒3類。浩瀚又細膩的葡萄酒文化，不僅表現了法蘭西民族對精緻美好生活的追求，也是法國文明和文化不可分割的一個重要部分（圖3-27）。

　　專業的葡萄酒服務與品酒更如同藝術交流與欣賞般，在美好的態度中舉杯共賞，從嗅覺、視覺、味覺等感官知覺中去體驗和回味口中的層疊芬芳與迴盪，透過彼此分享酒的背景故事與文化底蘊，達到真正的品酒樂趣，能夠品味才能達到真正欣賞。

　　法國人的葡萄酒文化與社交就是在這種文化涵養氛圍下暗潮洶湧，若是對葡萄酒的背景與遊戲規不懂就無法打入該社交圈，葡萄酒服務與品酒都有一套正確的步驟與程序，在食物與酒的搭配上更有不滅的經驗法則，有正確的知識才能在酒和食物的交互作用中享受味蕾的驚喜。

圖3-27　品嘗葡萄酒首先要觀察酒的色澤

一、侍酒師(Sommelier)

　　什麼是侍酒師 (Sommelier)？ Sommelier 一詞源自法國，意指受過專業訓練，主要在高級餐廳中服務，能將餐點與葡萄酒做完美搭配的人員（圖3-28）。在國外的高級餐廳和頂級俱樂部，侍酒師這個職業早就開始盛行，他們有著極高的社會地位，他們的專業與教養甚至比 wine waiter 更高。

圖3-28　侍酒師(Sommelier)

一個合格的侍酒師，認識葡萄酒世界的一草一木，是必備的職業素養，更需要不斷的學習，除了了解設計葡萄酒配菜、具葡萄酒鑑賞能力、深厚的葡萄酒品評基礎、熟悉酒品採購要求、善於酒窖管理外，更要有基本的美學修養，敏感的時尚感知、高尚的品位，才能有好的鑑賞力，才算真正懂得酒的文化。

　　雖然國內侍酒師待遇與工作機會仍不能相提並論，但隨著大陸經濟崛起，對高級酒的消費量越來越大，侍酒師市場亦快速崛起。

（一）侍酒師的工作

　　侍酒師不僅需具備葡萄酒與其他飲料的專業知識及更需懂得酒窖管理、儲酒條件，以及酒價值的判斷、酒單（對應於菜單）的構成、買酒、儲酒等行政管理，對客人建議等，這些都是侍酒師的基本工作。

飲調知識庫

什麼是侍酒師證照？

英國葡萄酒及烈酒教育基金會認證：WSET 成立於 1969 年，已成為葡萄酒及烈酒教育領域首屈一指的國際組織，其授予的認證，在侍酒師的領域堪稱炙手可熱（圖 3-29）。

WSET 資格全球認可，目前有 55 個國家開辦 WSET，去年有超過 28,000 名學生參加 WSET 考試，許多葡萄酒從業人員透過研習取得證照的過程，學習葡萄酒服務、儲藏、建立酒單、餐酒搭配等專業知識。

圖3-29　WSET英國葡萄酒及烈酒
　　　　教育基金會標章

侍酒師的例行工作：

1. 每周要對酒單進行修訂，確保酒的年份是正確的。
2. 配合廚師長、行政主廚挑選出各款酒。
3. 選購新酒、採購、貯藏。
4. 每天都需品嚐酒，判斷出開瓶一兩天之後葡萄酒的細微變化。
5. 對酒窖的管理：包括儲存、盤點。
6. 負責酒單的安排、酒類服務。
7. 設計搭配最適合各式不同餐點及其特性的酒。

8. 根據客人的需求推薦合適的酒。

9. 隨著不同季節舉辦品酒活動，擔任酒類課程講師。

10. 訓練餐廳的其他服務人員。培訓服務生讓他們掌握基本的技巧，比如開瓶的技巧，舉個最簡單的例子：開年代長的老酒時軟木塞很脆弱，要非常小心，如果有軟木塞屑掉在瓶中，顧客就會覺得你很不專業。

　　從以上的工作內容可想見，一位好的侍酒師，不僅要唸很多書，學習專業知識，還要對食物有所瞭解，更需要具備耐心與細心。

（二）侍酒師證照

　　每年在全球各地都有侍酒師的比賽，通常選手要先在國內賽事獲得優勝，並獲得參加國際區域比賽的資格，再獲得優勝後才能參加 3 年 1 次的侍酒師世界大賽。

　　台灣目前舉辦國內區域賽事的有法國食品協會及台灣侍酒師協會合辦的「台灣最佳法國酒侍酒師競賽」，於 2010 年 7 月首次舉辦，2016 年 7 月舉辦第五屆。

圖3-30　ISG國際侍酒師協會的標章

　　在專業課程方面，近年來已有業者引進國際承認的侍酒師認證課程，例如 ISG 國際侍酒師協會的認證，或 CES 葡萄酒初階侍酒師（乙級證照），但仍限於初級班與中級班，如果要取得高級認證，仍需要前往國外受訓（圖 3-30）。此外，香港侍酒師協會與日本侍酒師協會亦都有提供侍酒師認證課程。有興趣的同學可以參考。

3-6　全球薄酒萊新酒上市

　　從 1970 年代起，每年 11 月的第 3 個星期四，薄酒萊新酒 (Beaujolais) 全球同步統一上市，為要拔得頭籌搶先嘗鮮，飯店、**餐廳或酒坊會舉辦活動一起慶祝，如同迎接聖誕佳節般熱鬧歡樂！（圖 3-31）**

　　法國薄酒萊產區因新酒而聞名全世界，早在 14 世紀之前，當地就已經使用嘉美葡萄釀造出年輕且果味豐富的新鮮紅酒，再透過行銷手法推廣到世界各主要市場，規定已經裝瓶運抵銷售地的產品，只能在「11 月的第 3 個星期四」上市，禁止在這天之前提早上市，造成人們的期待。此時各大賣場、酒商、飯

店，都會大肆宣傳並舉辦各種活動迎接今年新酒的到來，而引發一種薄酒萊葡萄酒慶典的風潮與話題。

圖3-31 每年全球薄酒萊新酒上市，各大飯店、餐廳或酒坊，都會舉辦慶祝活動

一、薄酒萊(Beaujolais)葡萄酒

　　薄酒萊新酒 (Beaujolais Nouveau)，Nouveau 為法文「新」的意思。Beaujolais Nouveau 就是指來自法國勃根第地區南邊的 BEAUJOLAIS 產區，這一區 98% 以上種植「嘉美」（Gamay）種葡萄，特色是富果香、低單寧，適於立即飲用的葡萄酒，是全法國銷量最廣的葡萄酒（圖 3-32）。

圖3-32 法國BEAUJOLAIS產區風光明媚

知識庫

薄酒萊新酒
Beaujolais
Nouveau

薄酒萊新酒的英文名稱是 Beaujolais Nouveau，Nouveau 在法文中為「新」的意思。西元1951 年 11 月 9 日是第一批薄酒萊新酒的誕生日。每年 11 月的第 3 個星期四，薄酒萊新酒 (Beaujolais) 會在全球同步統一上市！

二、薄酒萊(Beaujolais)葡萄酒共通的特色

1. **富果香**：口感清新柔順、水果芳香明顯，開瓶後立即可喝，不必醒酒。

2. **低單寧**：葡萄酒中的澀味主要是由單寧(tannin)所造成的，因此單寧越低的酒澀味也越低，對於不喜歡澀味又想一嚐葡萄酒魅力的入門人士來說，順口易飲就是薄酒萊的一大優點（圖3-33）。

圖3-33　薄酒萊(Beaujolais)葡萄酒

3. **味新鮮**：薄酒萊強調當年產酒當年喝，有季節性，越新鮮越好喝。

4. **不耐存**：一般葡萄酒常標榜年份，且沒有標示適飲日期，但薄酒萊新酒(Beaujolais Nouveau)最佳飲用日期大多在上市後1到2個月內，並非「越陳越香」，也因此並不是一年四季皆能買到薄酒萊，產量有限、保存期有固定，賣完就只能再等明年11月的薄酒萊季節了。

5. **使用特殊的二氧化碳浸泡法（Macération carbonique，部分酒區使用改良的半二氧化碳浸泡）發酵，並且不經橡木桶陳年**：這種方式釀造出來的酒帶著濃郁的香蕉及熱帶水果風味，香氣甜美容易入口，正適合歡慶主題。

3-7　認識酒標蘊藏的密碼

「酒標」就像葡萄酒的履歷表，透露著葡萄酒味道的相關訊息。在還沒開飲前要評斷一支酒的風味，「酒標」無疑就是最重要依據。「酒標」上記載的各項資訊可以提供消費者了解這支酒的相關背景，如釀造者姓名、在何時、用什麼品種和方法進行生產，由這些資訊大概能想像這支酒的風味。

「酒標」的標示並無國際標準，通常會標示商標名稱、葡萄收成年度，而生產國或生產地，則根據產區和產國不同而有不同的標示法。酒標標示的位置並不固定，而是依據設計者的設計來製造。葡萄酒的標籤上有很多標示，可看出不同酒的味道和特色（圖 3-34）。

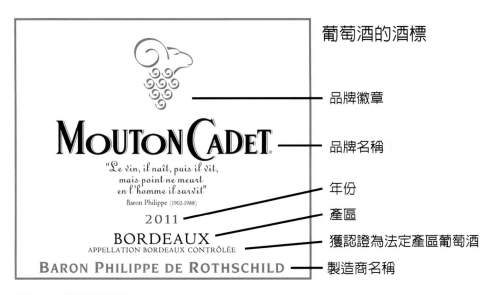

圖3-34　葡萄酒的酒標

一般歐洲國家，例如法國、義大利、西班牙、德國等，皆以該國所屬語文進行標示，而在酒標上標示其所使用的葡萄品種的非常少，大多藉著產區著名的品種與風格，就可進一步去推斷酒的風味了。至於新興產國，例如美國、澳洲、智利、阿根廷等，通常會在酒標商標是葡萄品種。藉出了解葡萄品種風味，便可約略推斷酒的風味。

葡萄酒標先上的年份是指「葡萄收成年份」，英文稱為「Vintage」；法文稱「Millesime」。由於製造葡萄酒的原料（葡萄），其品質關係葡萄酒的優劣，若能知道葡萄是哪一年收成，便可評估葡萄酒的成分優劣。葡萄酒的產地，其天候情形很難也無法掌握，所以除非品酒師斷言該酒不佳外，還是以何時出場為判斷標準為宜。

以下就不同國家的酒標來做比較：

1. 酒標的認識（法國）

品牌名稱

年份

酒莊創立年份

產區
等級標示
整瓶含量
裝瓶者名稱及地址

酒精含量

法國產製

2. 酒標的認識（德國）

品牌名稱

葡萄品種

其他認證機構著名

葡萄酒產區

裝瓶方式

裝瓶者地址

品集分級制度

年份

葡萄成熟度

葡萄酒風格

葡萄園

整瓶含量

酒精含量

官方品管號碼

① *Otto Heineman*
② 2007
③ **Reisling Kabinett** ④
⑤ Halbtrocken
⑥ Piesporter Goldtröpfchen
⑭ ⑦ Mosel-Saar-Ruwer ⑫
VDP ⑧ Erzeugerabfüllung
⑨ D-12345 Piesport, Mosel
Product of Germany
⑩ Qualitätswein mit Prädikat
⑪ AP Nr. 1 234 567 8 07
750ml
Alc 11.5% vol
⑬

3. 酒標的認識（美國）

MERRY EDWARDS

2003

RUSSIAN RIVER VALLEY

PINOT NOIR

OLIVET LANE

MÉTHODE À L'ANCIENNE

ALCOHOL 14.4% BY VOLUME

品牌名稱

年份

產地名

葡萄品種

葡萄園

酒精含量

3-8　法國 5 大酒莊

　　法國的 5 大酒莊分別爲拉斐酒莊 (Chateau Lafite Rothschild)、拉圖酒莊 (Chateau Latour)、瑪歌酒莊 (Chateau Margaux)、木桐酒莊 (Chateau Mouton Rothschild) 和奧比昂酒莊 (Chateau Haut-Brion)，共享該「原產地命名控制」的殊榮。

1. **拉斐酒莊(Chateau Lafite Rothschild)**：在法國官方葡萄酒排名中，拉斐酒莊列爲第一等 (Premier Grand Cru)的5大酒莊之一，生產的紅酒有紅酒之后的稱譽，是1855年份級時第1酒中的「狀元」。拉菲酒莊的葡萄園占地1平方公里，是梅多克區最大的葡萄園之一。年產35,000箱葡萄酒，其中有15,000～25,000是一級酒（圖3-38）。

圖3-38　拉斐酒莊(Chateau Lafite Rothschild)

　　拉菲酒莊的酒在波爾多的名酒中是最優雅的，它有豐盈的稠度，完美的平衡，與複雜精緻的口感，果香顯著可口，回韻持續成熟單寧和橡木氣息！美國第三任總統湯瑪斯•傑佛遜曾經拜訪過拉菲酒莊並成爲其終生客戶。

2. **拉圖酒莊(Chateau Latour)**：拉圖酒莊位於法國梅多克(Médoc)地區，佔地78公頃。表層土爲多層砂礫結合的特殊土質，底層土爲泥灰土和黏土混合土質，在1855年已被評爲法國5大列級名莊之一。成熟後的拉圖酒莊的酒，有極豐富的層次感，酒體豐滿而細膩，是所有酒莊中品質最穩定的，甚至在不佳的年份裏也有超水準的表現，在5大酒莊中一向被譽爲有王者風範（圖3-39）。

圖3-39　拉圖酒莊(Chateau Latour)

　　拉圖酒莊的酒全在100%的全新橡木桶中貯存20到24個月才裝瓶，此酒以濃郁雄厚見勝，紅酒顏色墨深，充分反映出酒質極度集中的味道和深邃的結構，香味呈複雜而多樣，酸甜及單寧平衡度極好，回韻甘美。

3. **瑪歌酒莊(Chateau Margaux)**：瑪歌酒莊的土壤是著名的沙礫地形，在 1855年時被分類為波爾多一級酒莊，有如是梅多區皇冠上寶石般的亮麗，酒質偏向典雅細膩的女性風格。瑪歌酒莊曾經歷過一段低潮的日子，1962至77年的出產，只是3等級的水準，在1977年被Mentzelopoulos家族收購重修，自1978年以後，瑪歌酒莊重生，產品品質穩定成長，重新放出寶石璀璨的光芒（圖3-40）。

瑪歌酒莊的紅酒年產量25,000箱，選用的釀酒葡萄是75%卡比涅蘇維翁、5%卡比涅佛朗和小維多、20%梅洛。瑪哥紅酒香氣複雜，身段柔和，像天鵝絨般的酒質導引出它的深度，順勢而下時有高雅持久複雜的回韻，並帶出成熟單寧和橡木煙燻的香氣。

圖3-40　瑪歌酒莊(Chateau Margaux)

4. **木桐酒莊(Chateau Mouton Rothschild)**：木桐酒莊是於1855年酒莊分級時，唯一一個擁有高價位，卻被排拒於一級酒莊行列的酒莊，而在1973年終於被提升列名一等的酒莊，最大成功主因是其莊主Philippe de Roth-schild男爵，成功的修正了1855年梅多區的分級制度，也一直努力改善莊園和酒質，在1973年終於正式列入第一頂級酒莊（圖3-41）。

其最聞名的是獨特的酒標設計，自1945年起每年邀請當年的有名畫家，為葡萄酒設計並繪製標籤。這個每年換標特色令其在拍賣會上更具收藏價值。木桐酒莊的紅酒全用100%的新橡木桶貯存22至24個月才裝瓶，它是梅多區最華麗的一款酒，有出色的果香和豐滿的口感。

圖3-41　木桐酒莊(Chateau Mouton Rothschild)

5. 奧比昂酒莊(Chateau Haut brion)：奧比昂酒莊建於14世紀，在頂級酒庄中最小。種植了55%的赤霞珠（卡本內-蘇維濃）、25%的梅洛、20%的品麗珠，葡萄平均株齡爲30年。上布里昂酒莊的優等酒是在不鏽鋼桶裡發酵後，放在新橡木桶裡陳釀24～27個月。整個釀酒過程由Jean-Philippe Delmas管理（圖3-42）。

　　奧比昂酒莊的白酒到1960年才上榜爲特等等級，與瑪哥酒莊的白酒都是既好且爲稀少的一流產品，而紅酒柔順、有風格、濃郁豐盈、口感稠密，有像巧克力又似紫羅蘭的香味。值得一提的是，奧比昂酒莊的酒瓶形狀較類似勃根地酒瓶，而非波爾多的傳統酒瓶。

圖3-42　奧比昂酒莊(Chateau Haut brion)

beer, wine, juice, tea, coffee

NOTE

juice, tea, coffee

第4章

飲料調製乙級
基酒分類配方

（本配方僅供參考，請依勞委會公告爲準）

　　近百種的乙級技術士技能檢定術科試題，
是想成為調酒師(Bartender)必須通過的技能考
驗，本章以基酒分類索引方式編排加上圖文對
照，除六大基酒琴酒、伏特加、蘭姆酒、威士
忌、白蘭地、龍舌蘭酒外，更加上以香甜酒、
甘蔗酒、葡萄酒及以義式咖啡為為基底分類的
雞尾酒，讓每一杯雞尾酒對應成分、調製法、
裝飾物和杯器皿，讓對調酒有興趣者更加容易
查詢練習：背誦和記憶。

學習重點

1. 學習並背誦6大基酒為基酒的雞尾酒。

2. 學習以香甜酒為基酒的雞尾酒。

3. 瞭解以甘蔗酒為基酒的雞尾酒。

4. 學習以葡萄酒為基酒的雞尾酒。

5. 練習以義式咖啡為為基底的雞尾酒。

4-1 飲料調製乙級基酒分類配方整理

一、以琴酒為基酒的雞尾酒

以琴酒為基酒的雞尾酒共 12 道，如表 4-1 所示：

表4-1　以琴酒為基酒的雞尾酒

類別	飲料名稱	成分	調製法	裝飾物	杯器皿
C2-2	Dandy Cocktail 至尊雞尾酒 CS05	30ml Gin 琴酒 30ml Dubonnet Red 紅多寶力酒 10ml Triple Sec 白柑橘香甜酒 Dash angostura 少許安格式苦精	Shake 搖盪法	Lemon Peel 檸檬皮 Orange Peel 柳橙皮	Cocktail Glass 雞尾酒杯
C3-5	Gin Fizz 琴費士 CS07	45ml Gin 琴酒 30ml Fresh Lemon Juice 新鮮檸檬汁 15ml Sugar Syrup 果糖 Top with Soda Water 蘇打水 8 分滿	Shake 搖盪法		Highball Glass 高飛球杯

（續下頁）

（承上頁）

類別	飲料名稱	成分	調製法	裝飾物	杯器皿
C5-6	Pink Lady 粉紅佳人（製作三杯） CS13	30ml Gin 琴酒 15ml Fresh Lemon Juice 新鮮檸檬汁 10ml Grenadine Syrup 紅石榴糖漿 15ml Egg White 蛋白	Shake 搖盪法	Lemon Peel 檸檬皮	Cocktail Glass 雞尾酒杯
C6-5	Silver Fizz 銀費士 CS17	45ml Gin 琴酒 15ml Fresh Lemon Juice 新鮮檸檬汁 15ml Sugar Syrup 果糖 15ml Egg White 蛋白 Top with Soda Water 蘇打水 8 分滿	Shake 搖盪法	Lemon Slice 檸檬片	Highball Glass 高飛球杯
C7-1	Dry Martini 不甜馬丁尼 CST03	55ml Gin 琴酒 15ml Dry Vermouth 不甜苦艾酒	Stir 攪拌法	Stuffed Olive 紅心橄欖	Martini Glass 馬丁尼酒杯

琴酒

（續下頁）

（承上頁）

琴酒

類別	飲料名稱	成分	調製法	裝飾物	杯器皿
C7-4	Long Island Iced Tea 長島冰茶 CS19	15ml Gin 琴酒 15ml White Rum 白色蘭姆酒 15ml Vodka 伏特加 15ml Tequila 特吉拉 15ml Triple Sec 白柑橘香甜酒 15ml Fresh Lemon Juice 新鮮檸檬汁 Top with Cola 可樂 8 分滿	Build 直接注入法	Lemon Peel 檸檬皮	Collins Glass 可林杯
C8-5	Orange Blossom 橘花 （製作三杯）CS22	30ml Gin 琴酒 15ml Rosso Vermouth 甜苦艾酒 30ml Fresh Orange Juice 新鮮柳橙汁	Shake 搖盪法	Sugar Rimmed 糖口杯	Cocktail Glass 雞尾酒杯
C9-5	Blue Bird 藍鳥 （製作三杯） CS25	30ml Gin 琴酒 15ml Blue Curacao Liqueur 藍柑橘香甜酒 15ml Fresh Lemon Juice 新鮮檸檬汁 10ml Almond Syrup 杏仁糖漿	Shake 搖盪法	Lemon Peel 檸檬皮	Cocktail Glass 雞尾酒杯

（續下頁）

（承上頁）

類別	飲料名稱	成分	調製法	裝飾物	杯器皿
C10-2	Gin & IT 義式琴酒 （製作三杯） CST04	45ml Gin 琴酒 15ml Rosso Vermouth 甜苦艾酒	Stir 攪拌法	Lemon Peel 檸檬皮	Martini Glass 馬丁尼酒杯
C11-2	Perfect Martini 完美馬丁尼 （製作三杯） CST05	45ml Gin 琴酒 10ml Rosso Vermouth 甜味苦艾酒 10ml Dry Vermouth 不甜苦艾酒	Stir 攪拌法	Cherry 櫻桃 Lemon Peel 檸檬皮	Martini Glass 馬丁尼酒杯
C16-1	Singapore Sling 新加坡司令 CS43	30ml Gin 琴酒 15ml Cherry Brandy(Liqueur) 櫻桃白蘭地（香甜酒） 10ml Cointreau 君度橙酒 10ml Benedictine 班尼狄克香甜酒 10ml Grenadine Syrup 紅石榴糖漿 90ml Pineapple Juice 鳳梨汁 15ml Fresh Lemon Juice 新鮮檸檬汁 Dash Angostura Bitters 少許安格式苦精	Shake 搖盪法	Fresh Pineapple Slice 新鮮鳳梨片 （去皮） Cherry 櫻桃	Collins Glass 可林杯

（續下頁）

（承上頁）

類別	飲料名稱	成分	調製法	裝飾物	杯器皿
C16-4	Gibson 吉普森 CST07	45ml Gin 琴酒 15ml Dry Vermouth 不甜苦艾酒	Stir 攪拌法	Onion 小洋蔥	Martini Glass 馬丁尼酒杯

二、以伏特加為基酒的雞尾酒

以伏特加為基酒的雞尾酒共 15 道，如表 4-2 所示：

表4-2　以伏特加為基酒的雞尾酒

類別	飲料名稱	成分	調製法	裝飾物	杯器皿
C2-5	White Stinger 白醉漢 （製作三杯） CS06	45ml Vodka 伏特加 15ml White Crème de Menthe 白薄荷香甜酒 15ml White Crème de Cacao 白可可香甜酒	Shake 搖盪法		Old Fashioned Glass 古典酒杯

（續下頁）

（承上頁）

類別	飲料名稱	成分	調製法	裝飾物	杯器皿
C4-1	Salty Dog 鹹狗 CBU05 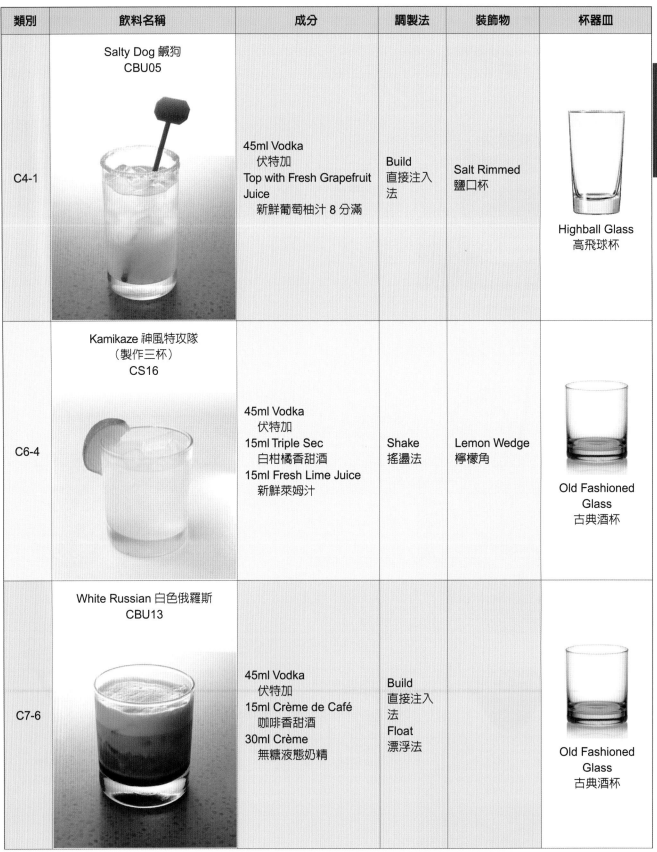	45ml Vodka 伏特加 Top with Fresh Grapefruit Juice 新鮮葡萄柚汁 8 分滿	Build 直接注入法	Salt Rimmed 鹽口杯	Highball Glass 高飛球杯
C6-4	Kamikaze 神風特攻隊 （製作三杯） CS16	45ml Vodka 伏特加 15ml Triple Sec 白柑橘香甜酒 15ml Fresh Lime Juice 新鮮萊姆汁	Shake 搖盪法	Lemon Wedge 檸檬角	Old Fashioned Glass 古典酒杯
C7-6	White Russian 白色俄羅斯 CBU13	45ml Vodka 伏特加 15ml Crème de Café 咖啡香甜酒 30ml Crème 無糖液態奶精	Build 直接注入法 Float 漂浮法		Old Fashioned Glass 古典酒杯

（續下頁）

伏特加

（承上頁）

伏特加

類別	飲料名稱	成分	調製法	裝飾物	杯器皿
C9-2	Black Russian 黑色俄羅斯 CBU16	45ml Vodka 伏特加 15ml Crème de Café 咖啡香甜酒	Build 直接注入法		Old Fashioned Glass 古典酒杯
C10-1	Screw Driver 螺絲起子 CBU16	45ml Vodka 伏特加 Top with Fresh Orange Juice 新鮮柳橙汁 8 分滿	Build 直接注入法	Orange Slice 柳橙片	Highball Glass 高飛球杯
C10-5	Vanilla Espresso Martini 義式香草馬丁尼 CS26	30ml Vanilla Vodka 香草伏特加 30ml Espresso Coffee 義式咖啡 (7g) 15ml Kahlua 卡魯瓦咖啡香甜酒	Shake 搖盪法	Float Three Coffee Beans 三粒咖啡豆	Cocktail Glass 雞尾酒杯

（續下頁）

（承上頁）

類別	飲料名稱	成分	調製法	裝飾物	杯器皿
C10-6	Golden Rico 金色黎各 CS28	30ml Vodka 伏特加 15ml Mozart Dart Chocolate Liqueur 莫扎特黑巧克力香甜酒 45ml Orange Juice 柳橙汁 15ml Crème 無糖液態奶精	Shake 搖盪法 Float 漂浮法	Cinnamon Powder 肉桂粉	Cocktail Glass 雞尾酒杯 （大）
C12-2	Bloody Mary 血腥瑪麗 CBU27	45ml Vodka 伏特加 15ml Fresh Lemon Juice 新鮮檸檬汁 Top with Tomato Juice 番茄汁 8 分滿 Dash Tabasco 少許酸辣油 Dash Worcestershire Sauce 少許辣醬油 Dash Salt and Pepper 適量鹽跟胡椒	Build 直接注入法	Lemon Wedge 檸檬角 Celery Stick 芹菜棒	Highball Glass 高飛球杯
C15-2	Harvey Wall banger 哈維撞牆 CBU23	45ml Vodka 伏特加 90ml Orange Juice 柳橙汁 15ml Galliano 義大利香草酒	Build 直接注入法 Float 漂浮法	Cherry 櫻桃 Orange Slice 柳橙片	Highball Glass 高飛球杯 （240ml）

伏特加

（續下頁）

（承上頁）

伏特加

類別	飲料名稱	成分	調製法	裝飾物	杯器皿
A15-3	Cosmopolitan 四海一家 （製作三杯） CS41	45ml Vodka 　伏特加 15ml Triple Sec 　白柑橘香甜酒 15ml Fresh Lime Juice 　新鮮萊姆汁 30ml Cranberry Juice 　蔓越莓汁	Shake 搖盪法	Lime Slice 萊姆片	Cocktail Glass 雞尾酒杯 （大）
C15-6	Jolt'ini 震撼 CS42	30ml Vodka 　伏特加 30ml Espresso Coffee 　義式咖啡 (7g) 15ml Crème de Café 　咖啡香甜酒	Shake 搖盪法	Float Three Coffee Beans 三粒咖啡豆	Old Fashioned Glass 古典酒杯
C16-5	Flying Grasshopper 飛天蚱蜢 （製作三杯） CS44	30ml Vodka 　伏特加 15ml White Crème de Cacao Liqueur 　白可可香甜酒 15ml Green Crème de Menthe 　綠薄荷香甜酒 15ml Cream 　無糖液態奶精	Shake 搖盪法	CacaoPowder 可可粉 Mint Leaf 薄荷葉	Cocktail Glass 雞尾酒杯

（續下頁）

（承上頁）

類別	飲料名稱	成分	調製法	裝飾物	杯器皿
A18-2	Sex on the Beach 性感沙灘 （製作三杯） CS47	45ml Vodka 伏特加 15ml Peach Liqueur 水蜜桃香甜酒 30ml Orange Juice 柳橙汁 30ml Cranberry Juice 蔓越莓汁	Shake 搖盪法	Orange Slice 柳橙片	Highball Glass 高飛球杯
C18-3	Strawberry Night 草莓夜 CS48	20ml Vodka 伏特加 20ml Passion Fruit Liqueur 百香果香甜酒 20ml Sour Apple Liqueur 青蘋果香甜酒 40ml Strawberry Juice 草莓汁 10ml Sugar Syrup 果糖	Shake 搖盪法	Apple Tower 蘋果塔	Cocktail Glass 雞尾酒杯 （大）

伏特加

三、以蘭姆酒為基酒的雞尾酒

以蘭姆酒為基酒的雞尾酒共 10 道，如表 4-3 所示：

表4-3　以蘭姆酒為基酒的雞尾酒

類別	飲料名稱	成分	調製法	裝飾物	杯器皿
C1-6	Planter's Punch 拓荒者賓治 CS03	45ml Dark Rum 　深色藍姆酒 15ml Fresh Lemon Juice 　新鮮檸檬汁 10ml Grenadine Syrup 　紅石榴糖漿 Top with Soda Water 　蘇打水 8 分滿 Dash Angostura Bitters 　少許安格式苦精	Shake 搖盪法	Lemon Slice 檸檬片 Orange Slice 柳橙片	Collins Glass 可林杯
C2-4	Cool Sweet Heart 冰涼甜心 CS04	30ml White Rum 　白藍姆酒 30ml Mozart Dart Chocolate Liqueur 　莫扎特黑巧克力香甜酒 30ml Mojito Syrup 　莫西多糖漿 75ml Fresh Orange Juice 　新鮮柳橙汁 15ml Fresh Lemon Juice 　新鮮檸檬汁	Shake 搖盪法 Float 漂浮法	Lemon Peel 檸檬皮 Cherry 櫻桃	Collins Glass 可林杯

（續下頁）

（承上頁）

類別	飲料名稱	成分	調製法	裝飾物	杯器皿
C2-6	Mojito 莫西多 CBU03	45ml White Rum 白蘭姆酒 30ml Fresh Lime Juice 新鮮萊姆汁 1/2 Fresh Lime Cut Into 4Wedges 新鮮萊姆切成 4 塊 12 Fresh Mint Leaves 新鮮薄荷葉 8g Sugar 糖包 Top with Soda Water 蘇打水 8 分滿	Muddle 壓榨法 Build 直接注入法	Mint Sprig 薄荷枝	Highball Glass 高飛球杯
C4-4	Ginger Mojito 薑味莫西多 CS10	45ml White Rum 白蘭姆酒 3 Slices Fresh Root Ginger 嫩薑 12 Fresh Mint Leaves 新鮮薄荷葉 15ml Fresh Lime Juice 新鮮萊姆汁 8g Sugar 糖包 Top with Ginger Ale 薑汁汽水 8 分滿	Muddle 壓榨法 Shake 搖盪法	Mint Sprig 薄荷枝	Highball Glass 高飛球杯
C9-6	Pina Colada 鳳梨可樂達 CB04	30ml White Rum 白藍姆酒 30ml Coconut Cream 椰漿 90ml Pineapple Juice 鳳梨汁	Blend 電動攪拌法	Fresh Pineapple Slice 新鮮鳳梨片 （去皮） Cherry 櫻桃	Collins Glass 可林杯

蘭姆酒

（續下頁）

（承上頁）

蘭姆酒

類別	飲料名稱	成分	調製法	裝飾物	杯器皿
C11-6	Blue Hawaiian 藍色夏威夷佬 CB05	45ml White Rum 白蘭姆酒 30ml Blue Curacao Liqueur 藍柑橘香甜酒 45ml Coconut Cream 椰漿 120ml Pineapple Juice 鳳梨汁 15ml Fresh Lemon Juice 新鮮檸檬汁	Blend 電動攪拌法	Fresh Pineapple Slice 新鮮鳳梨片 （去皮） Cherry 櫻桃	Hurricane Glass 炫風杯
C12-1	Mai Tai 邁泰 CS31	30ml White Rum 白藍姆酒 15ml Orange Curacao Liqueur 柑橘香甜酒 10ml Fresh Lemon Juice 新鮮檸檬汁 10 ml Sugar Syrup 果糖 30ml Dark Rum 深色藍姆酒	Shake 搖盪法 Float 漂浮法（深色藍姆酒）	Fresh Pineapple Slice 新鮮鳳梨片 （去皮） Cherry 櫻桃	Old Fashioned Glass 古典酒杯
C13-2	Cuba Libre 自由古巴 CBU19	45ml Dark Rum 深色藍姆酒 15ml Fresh Lemon Juice 新鮮檸檬汁 Top with Cola 可樂 8 分滿	Build 直接注入法	Lemon Slice 檸檬片	Highball Glass 高飛球杯

（續下頁）

（承上頁）

類別	飲料名稱	成分	調製法	裝飾物	杯器皿
C14-1	Apple Mojito 蘋果莫西多 CBU20	45ml White Rum 　白蘭姆酒 30ml Fresh Lime Juice 　新鮮萊姆汁 15ml Sour Apple Liqueur 　青蘋果香甜酒 12 Fresh Mint Leaves 　新鮮薄荷葉 Top with Apple Juice 　蘋果汁 8 分滿	Muddle 壓榨法 Build 直接注入法	Mint Sprig 薄荷枝	Collins Glass 可林杯
C17-1	Banana Frozen 霜凍香蕉戴吉利 CB07	30ml White Rum 　白蘭姆酒 10ml Fresh Lime Juice 　新鮮萊姆汁 15ml Sugqr Syrup 　果糖 1/2 Fresh Banana 　新鮮香蕉	Blend 電動攪拌法	Banana Slice 香蕉片 Cherry 櫻桃	Cocktail Glass 雞尾酒杯 （大）

蘭姆酒

四、以威士忌酒為基酒的雞尾酒

以威士忌酒為基酒的雞尾酒共 12 道，如表 4-4 所示：

表4-4　以威士忌酒為基酒的雞尾酒

類別	飲料名稱	成分	調製法	裝飾物	杯器皿
C1-3	Manhattan 曼哈頓 （製作三杯） CST01	45ml Bourbon Whiskey 波本威士忌 15ml Rosso Vermouth 甜味苦艾酒 Dash Angostura Bitters 少許安格式苦精	Stir 攪拌法	Cherry 櫻桃	Martini Glass 馬丁尼酒杯
C3-2	Dry Manhattan 不甜曼哈頓 （製作三杯） CST02	45ml Bourbon Whiskey 波本威士忌 15ml Dry Vermouth 不甜苦艾酒 Dash Angostura Bitters 少許安格式苦精	Stir 攪拌法	Lemon Peel 檸檬皮	Martini Glass 馬丁尼酒杯

威士忌酒

（續下頁）

（承上頁）

類別	飲料名稱	成分	調製法	裝飾物	杯器皿
C6-1	Jack Frost 傑克佛洛斯特 CS14	45ml Bourbon Whiskey 波本威士忌 15ml Drambuie 蜂蜜酒 30ml Fresh Orange Juice 新鮮柳橙汁 10ml Fresh Lemon Juice 新鮮檸檬汁 10ml Grenadine Syrup 紅石榴糖漿	Shake 搖盪法	Orange Peel 柳橙皮	Old Fashioned Glass 古典酒杯
C11-5	God Father 教父 CBU18	45ml Blended Scotch Whisky 蘇格蘭調和威士忌 15ml Amaretto 杏仁香甜酒	Build 直接注入法		Old Fashioned Glass 古典酒杯
C13-1	New York 紐約 CS35	45ml Bourbon Whiskey 波本威士忌 15ml Fresh Lime Juice 新鮮萊姆汁 10ml Grenadine Syrup 紅石榴糖漿 10ml Sugar Syrup 果糖	Shake 搖盪法	Orange Slice 柳橙片	Cocktail Glass 雞尾酒杯

威士忌酒

（續下頁）

（承上頁）

威士忌酒

類別	飲料名稱	成分	調製法	裝飾物	杯器皿
C14-2	New Yorker 紐約客 （製作三杯） CS39	45ml Bourbon Whiskey 波本威士忌 45ml Red Wine 紅葡萄酒 15ml Fresh Lemon Juice 新鮮檸檬汁 15ml Sugar Syrup 果糖	Shake 搖盪法	Orange Peel 柳橙皮	Cocktail Glass 雞尾酒杯 （大）
C15-4	Apple Manhattan 蘋果曼哈頓 CST06	30ml Bourbon Whiskey 波本威士忌 15ml Sour Apple Liqueur 青蘋果香甜酒 15ml Triple Sec 白柑橘香甜酒 15ml Rosso Vermouth 甜苦艾酒	Stir 攪拌法	Apple Tower 蘋果塔	Cocktail Glass 雞尾酒杯
C17-2	Whiskey Sour 威士忌酸酒 CS44	45ml Bourbon Whiskey 波本威士忌 30ml Fresh Lemon Juice 新鮮檸檬汁 30ml Sugar Syrup 果糖	Shake 搖盪法	1/2 Orange Slice 1/2 柳橙片 Cherry 櫻桃	Sour Glass 酸酒杯

（續下頁）

（承上頁）

類別	飲料名稱	成分	調製法	裝飾物	杯器皿
C17-3	Rob Roy 羅伯羅依 （製作三杯） CST08	45ml Scotch Whisky 蘇格蘭威士忌 15ml Rosso Vermouth 甜味苦艾酒 Dash Angostura Bitters 少許安格式苦精	Stir 攪拌法	Cherry 櫻桃	Martini Glass 馬丁尼酒杯
C18-1	Rusty Nail 銹釘子 （製作三杯） CBU28	45ml Scotch Whisky 蘇格蘭威士忌 30ml Drambuie 蜂蜜香甜酒	Stir 攪拌法	Lemon Peel 檸檬皮	Cocktail Glass 雞尾酒杯
C18-4	Old Fashioned 古典酒 CBU29	45ml Bourbon Whiskey 波本威士忌 Dashes Angostura Bitters 少許安格式苦精 8g Sugar 糖包 Splash of Soda Water 蘇打水少許	Build 直接注入法	Orange Slice 柳橙片 Lemon Peel 檸檬皮 2 Cherries 櫻桃 2 粒	Old Fashioned Glass 古典酒杯

威士忌酒

（續下頁）

95

飲料與調酒

（承上頁）

類別	飲料名稱	成分	調製法	裝飾物	杯器皿
C8-6	John Collins 約翰可林 CBU15	45ml Bourbon Whisky 波本威士忌 30ml Fresh Lemon Juice 新鮮檸檬汁 15ml sugar Syrup 果糖 Top with Soda Water 蘇打水 8 分滿 Dash Angostura Bitters 少許安格式苦精	Build 直接注入法	Lemon Slice 檸檬片 Cherry 櫻桃	Collins Glass 可林杯

五、以白蘭地酒為基酒的雞尾酒

以白蘭地酒為基酒的雞尾酒共 8 道，如表 4-5 所示：

表4-5　以白蘭地酒為基酒的雞尾酒

類別	飲料名稱	成分	調製法	裝飾物	杯器皿
C1-4	Hot Toddy 熱托地 CBU01	45ml Brandy 白蘭地 15ml Fresh Lemon Juice 新鮮檸檬汁 15ml Sugar Syrup 果糖 Top with Boiling Water 熱開水 8 分滿	Build 直接注入法	Lemon Slice 檸檬片 Cinnamon Powder 肉桂粉	Toddy Glass 托地杯

（續下頁）

（承上頁）

類別	飲料名稱	成分	調製法	裝飾物	杯器皿
C3-4	Stinger 醉漢 CS08	45ml Brandy 白蘭地 15ml White Crème de Menthe 白薄荷香甜酒	Shake 搖盪法	Mint Sprig 薄荷枝	Old Fashioned Glass 古典酒杯
C7-5	Sangria 聖基亞 CS20	30ml Brandy 白蘭地 30ml Red Wine 紅葡萄酒 15ml Grand Marnier 香橙干邑香甜酒 60ml Fresh Orange Juice 新鮮柳橙汁	Shake 搖盪法	Orange Slice 柳橙片	Highball Glass 高飛球杯 （240ml）
C8-1	Egg Nog 蛋酒 CS21	30ml Brandy 白蘭地 15ml White Rum 白蘭姆酒 120ml Milk 鮮奶 15ml Sugar Syrup 果糖 1 Egg Yolk 蛋黃	Shake 搖盪法	Nutmeg Power 荳蔻粉	Highball Glass 高飛球杯

（續下頁）

白蘭地酒

（承上頁）

白蘭地酒

類別	飲料名稱	成分	調製法	裝飾物	杯器皿
C9-4	Sherry Flip 雪莉惠而浦 CS23	15ml Brandy 　白蘭地 45ml Sherry 　雪莉酒 15ml Egg White 　蛋白	Shake 搖盪法		Cocktail Glass 雞尾酒杯
C11-3	Side Car 側車 CS30	30ml Brandy 　白蘭地 15ml Triple Sec 　白柑橘香甜酒 30ml Fresh Lime Juice 　新鮮萊姆汁	Shake 搖盪法	Lemon Slice 檸檬片 Cherry 櫻桃	Cocktail Glass 雞尾酒杯
C13-4	Brandy Alexander 白蘭地亞歷山大 （製作三杯） CS37	20ml Brandy 　白蘭地 20ml Brown Crème De Cacao 　深可可香甜酒 20ml Cream 　奶精	Shake 搖盪法	Nutmeg Power 荳蔻粉	Cocktail Glass 雞尾酒杯

（續下頁）

（承上頁）

類別	飲料名稱	成分	調製法	裝飾物	杯器皿
C17-5	Horse's Neck 馬頸 CBU27	45ml Brandy 白蘭地 Top with Ginger Ale 薑汁汽水 8 分滿 Dash Angostura Bitters 少許女格式苦精	Build 直接注入法	Lemon Spiral 螺旋狀檸檬 皮	Highball Glass 高飛球杯

六、以龍舌蘭酒為基酒的雞尾酒

　　以龍舌蘭酒為基酒的雞尾酒共 2 道，如表 4-6 所示：

表4-6　以龍舌蘭酒為基酒的雞尾酒

類別	飲料名稱	成分	調製法	裝飾物	杯器皿
C5-1	Tequila Sunrise 特吉拉日出 CBU08	45ml Tequila 特吉拉 Top with Orange Juice 柳橙汁 8 分滿 10ml Grenadine Syrup 紅石榴糖漿	Build 直接注入法 Float 漂浮法	Orange Slice 柳橙片 Cherry 櫻桃	Highball Glass 高飛球杯 （240ml）

（續下頁）

（承上頁）

類別	飲料名稱	成分	調製法	裝飾物	杯器皿
C12-6	Magarita 瑪格麗特 （製作三杯） CS34 	30ml Tequila 特吉拉 15ml Triple Sec 白柑橘香甜酒 15ml Fresh Lime Juice 新鮮萊姆汁	Blend 電動攪拌法	Salt Rimmed 鹽口杯	Margarita Glass 瑪格麗特杯

七、以香甜酒為基酒的雞尾酒

以香甜酒為基酒的雞尾酒共 9 道，如表 4-7 所示：

表4-7　以香甜酒為基酒的雞尾酒

類別	飲料名稱	成分	調製法	裝飾物	杯器皿
C1-5	Mint Frappe 薄荷芙萊蓓 CS02	45ml Green Crème de Menth 綠薄荷香甜酒 1 Cup Crush Ice 碎冰	Pour 注入法	Mint Sprig 薄荷枝	Cocktail Glass 雞尾酒杯 （大）

（續下頁）

（承上頁）

類別	飲料名稱	成分	調製法	裝飾物	杯器皿
C3-6	Pausse Café 普施咖啡 CL01	1/5 Grenadine Syrup 　紅石榴糖漿 1/5 Dark Crème de Menthe 　綠薄荷香甜酒 1/5 Triple Sec 　白柑橘香甜酒 1/5 Brandy 　白蘭地（以杯皿容量 9 分滿為準）	Layer 分層法		Liqueur Glass 香甜酒杯
C4-3	B-52 Shot B-52 轟炸機 CL02	1/3ml Kahlua 　卡魯哇咖啡香甜酒 1/3ml Bailey's Irish Cream 　貝里斯奶酒 1/3ml Grand Marnier 　香橙干邑香甜酒	Layer 分層法		Shot Glass 烈酒杯
C4-6	Golden Dream 金色夢幻 （製作三杯） CS11	30ml Galliano 　香草酒 15ml Triple Sec 　白柑橘香甜酒 15ml Fresh Orange Juice 新鮮柳橙汁 10ml Cream 　無糖液態奶精	Shake 搖盪法		Cocktail Glass 雞尾酒杯

香甜酒

（續下頁）

（承上頁）

類別	飲料名稱	成分	調製法	裝飾物	杯器皿
C5-5	Americano 美國佬 CBU09	30ml Campari 金巴利 30ml Rosso Vermouth 甜味苦艾酒 Top with Soda Water 蘇打水 8 分滿	Build 直接注入法	Orange Slice 柳橙片 Lemon Peel 檸檬皮	Highball Glass 高飛球杯
C7-2	Grasshopper 綠色蚱蜢 （製作三杯） CS18	20ml Green Crème De Menthe 綠薄荷香甜酒 20ml White Crème de Cacao 白可可香甜酒 20ml Cream 無糖液態奶精	Shake 搖盪法		Cocktail Glass 雞尾酒杯
C11-1	Rainbow 彩虹酒 CL03	1/7 Grenadine Syrup 紅石榴糖漿 1/7 Crème de Cassis 黑醋栗香甜酒 1/7 White Crème de Cacao 白可可香甜酒 1/7 Blue Curacao Liqueur 藍柑橘香甜酒 1/7 杯 Campari 金巴利酒 1/7 杯 Galliano 義大利香草酒 1/7 杯 Brandy 白蘭地（以器皿容量 9 分滿為主）	Layer 分層法		Liqueur Glass 香甜酒杯

香甜酒

（續下頁）

（承上頁）

類別	飲料名稱	成分	調製法	裝飾物	杯器皿
C13-3	Amaretto Sour 杏仁酸酒 CS35 	45ml Amaretto Liqueur 杏仁香甜酒 30ml Fresh Lemon Juice 新鮮檸檬汁 10ml Sugar Syrup 果糖	Shake 搖盪法	Orange Slice 柳橙片 Lemon Peel 檸檬皮	 Old Fashioned Glass 古典酒杯
C14-6	Angel's Kiss 天使之吻 CL04 	3/4 Brown Crème de Cacao 深可可香甜酒 1/4 Creme 奶精（以杯器皿容量9分滿為準）	Layer 分層法	Cherry 櫻桃	 Liqueur Glass 香甜酒杯

香甜酒

八、以甘蔗酒為基酒的雞尾酒

以甘蔗酒為基酒的雞尾酒共 4 道，如表 4-8 所示：

表4-8　以甘蔗酒為基酒的雞尾酒

類別	飲料名稱	成分	調製法	裝飾物	杯器皿
C2-3	Banana Batida 香蕉巴迪達 CB01	45ml Cachaca 甘蔗酒 30ml Crème de Bananas 香蕉香甜酒 20ml Fresh Lemon Juice 新鮮檸檬汁 1 Fresh Peeled Banana 新鮮香蕉	Blend 電動攪拌法	Banana Slice 香蕉片	Hurricane Glass 炫風杯
C10-3	Classic Mojito 經典莫西多 CS27	45ml Cachaca 甘蔗酒 1/2 Fresh Lime Cut into 4 Wedges 新鮮萊姆切成 4 塊 12 Fresh Mint Leaves 新鮮薄荷葉 30ml Fresh Lime Juice 新鮮萊姆汁 8g Sugar 糖包 Top with Soda Water 蘇打水 8 分滿	Muddle 壓榨法 Shake 搖盪法	Mint Sprig 薄荷枝	Highball Glass 高飛球杯

（續下頁）

甘蔗酒

（承上頁）

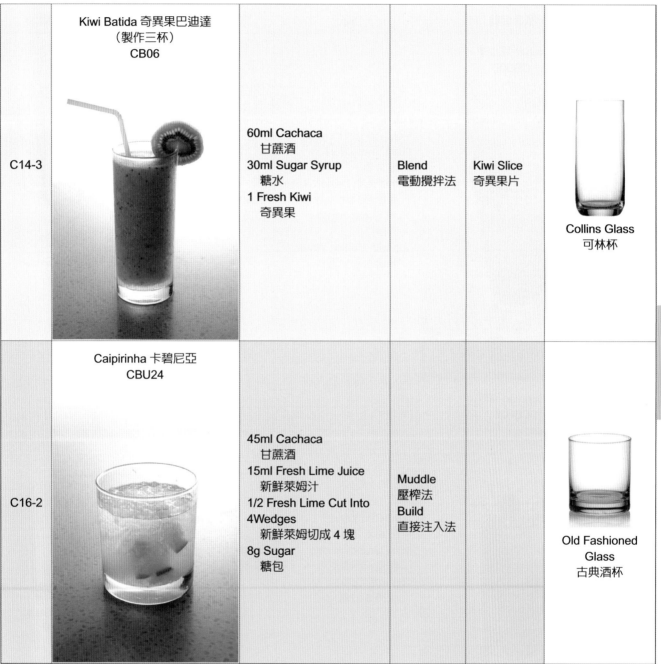

	Kiwi Batida 奇異果巴迪達 （製作三杯） CB06				
C14-3		60ml Cachaca 　甘蔗酒 30ml Sugar Syrup 　糖水 1 Fresh Kiwi 　奇異果	Blend 電動攪拌法	Kiwi Slice 奇異果片	Collins Glass 可林杯
	Caipirinha 卡碧尼亞 CBU24				
C16-2		45ml Cachaca 　甘蔗酒 15ml Fresh Lime Juice 　新鮮萊姆汁 1/2 Fresh Lime Cut Into 4Wedges 　新鮮萊姆切成 4 塊 8g Sugar 　糖包	Muddle 壓榨法 Build 直接注入法		Old Fashioned Glass 古典酒杯

甘蔗酒

九、以葡萄酒為基酒的雞尾酒

以葡萄酒為基酒的雞尾酒共 9 道，如表 4-9 所示：

表4-9 以葡萄酒為基酒的雞尾酒

類別	飲料名稱	成分	調製法	裝飾物	杯器皿
C4-5	Negus 尼加斯 CBU07	60ml Tawny Port 波特酒 15ml Fresh Lemon Juice 新鮮檸檬汁 15ml Sugar Syrup 果糖 Top with Boiling Water 熱開水 8 分滿	Build 直接注入法	Nutmeg Power 荳蔻粉	Toddy Glass 托地杯
C16-3	Caravan 車隊 CBU25	90ml Red Wine 紅葡萄酒 15ml Grand Martini 香橙干邑香甜酒 Top with Cola 可樂 8 分滿	Build 直接注入法	Cherry 櫻桃	Collins Glass 可林杯

（續下頁）

葡萄酒

（承上頁）

類別	飲料名稱	成分	調製法	裝飾物	杯器皿
C17-4	Kir 基爾 CP02	10ml Crème de Cassis 黑醋栗香甜酒 Fill up with Dry White Wine 　不甜白葡萄酒 8 分滿	Pour 注入法		White Wine Glass 白葡萄酒杯
C6-6	Mimosa 含羞草 CBU10	1/2 Fresh Orange Juice 　新鮮柳橙汁（以杯皿容量 8 分滿計算） 1/2 Champagne or Sparkling Wine(Brut) 　原味香檳或氣泡酒	Pour 注入法		Flute Glass 高腳香檳杯
C9-1	Kir Royale 皇家基爾 CP01	Fill up with Champagne or Sparkling Wine(Brut) 　原味香檳或氣泡酒注至 8 分滿 15ml Crème de Cassis 　黑醋栗香甜酒	Pour 注入法		Flute Glass 高腳香檳杯

葡萄酒

（續下頁）

（承上頁）

類別	飲料名稱	成分	調製法	裝飾物	杯器皿
C14-4	Bellini 貝利尼 CBU21	Fill up with Champagne or Sparkling Wine(Brut) 原味香檳或氣泡酒8分滿 15ml Peach Liqueur 水蜜桃利口酒	Pour 注入法		Flute Glass 高腳香檳杯
C18-5	Tropic 熱帶 CS49	30ml Benedictine 班尼狄克香甜酒 60ml White Wine 白葡萄酒 60ml Fresh Orange Juice 新鮮葡萄柚汁	Shake 搖盪法	Lemon Slice 檸檬片	Collins Glass 可林杯
C8-2	Frenchman 法國佬 CBU13	30ml Grand Marnier 香橙干邑香甜酒 60ml Red Wine 紅葡萄酒 15ml Fresh Orange Juice 新鮮柳橙汁 15ml Fresh Lemon Juice 新鮮檸檬汁 10ml Sugar Syrup 果糖 Top with Boiling Water 熱開水8分滿	Build 直接注入法	Orange Peel 柳橙皮	Toddy Glass 托地杯

（續下頁）

葡萄酒

（承上頁）

類別	飲料名稱	成分	調製法	裝飾物	杯器皿
C12-3	White Sangria 白色聖基亞 CS32	30ml Grand Marnier 香橙干邑香甜酒 60ml White Wine 白葡萄酒 Top with 7-Up 無色汽水 8 分滿	Shake 搖盪法	1 Lemon Slice 1 Orange Slice 檸檬柳橙各 一片	Collins Glass 可林杯

十、以義式咖啡為為基底的雞尾酒

以義式咖啡為基酒的雞尾酒共 7 道，如表 4-10 所示：

表4-10　以義式咖啡為基酒的雞尾酒

類別	飲料名稱	成分	調製法	裝飾物	杯器皿
C8-4	Brazilian Coffee 巴西佬咖啡 CB03	30ml Cachaca 甘蔗酒 30ml Expresso Coffee 義式咖啡 (7g) 30ml Cream 無糖液態奶精 15ml Sugar Syrup 果糖	Blend 電動攪拌法	Float Three Coffee Beans 3 粒咖啡豆	Old Fashioned Glass 古典酒杯

（續下頁）

義式咖啡

飲料與調酒

類別	飲料名稱	成分	調製法	裝飾物	杯器皿
C12-5	Vodka Espresso 義式伏特加 CS33	30ml Vodka 伏特加 30ml Expresso Coffee 義式咖啡 (7g) 15ml Crème de Café 咖啡香甜酒 10ml Sugar Syrup 果糖	Shake 搖盪法	Float Three Coffee Beans 3 粒咖啡豆	Old Fashioned Glass 古典酒杯
C5-3	Coffee Batida 巴迪達咖啡 CB02	30ml Cachaca 甘蔗酒 30ml Expresso Coffee 義式咖啡 (7g) 30ml Crème de cafe 咖啡香甜酒 10ml Sugar Syrup 果糖	Blend 電動攪拌法	Float Three Coffee Beans 3 粒咖啡豆	Old Fashioned Glass 古典酒杯
C1-2	Expresso Daiquiri 義式戴吉利 CS01	30ml White Rum 白蘭姆酒 30ml Expresso Coffee 義式咖啡 (7g) 15ml Sugar Syrup 果糖	Shake 搖盪法	Float Three Coffee Beans 3 粒咖啡豆	Cocktail Glass 雞尾酒杯

義式咖啡

（續下頁）

（承上頁）

類別	飲料名稱	成分	調製法	裝飾物	杯器皿
C13-6	Jalisco Expresso 墨西哥義式咖啡 CS38	30ml Tequila 特吉拉 30ml Expresso Coffee 義式咖啡 (7g) 30ml Kahlua 卡魯哇咖啡香甜酒	Shake 搖盪法	Float Three Coffee Beans 3 粒咖啡豆	Old Fashioned Glass 古典酒杯
C3-3	Irish Coffee 愛爾蘭咖啡 CBU04	45ml Irish Whiskey 愛爾蘭威士忌 30ml Expresso Coffee 義式咖啡 (7g) 120ml Hot Water 熱開水 8g Sugar 糖包 Top With Wipped Cream 泡沫鮮奶油	義式咖啡機 Build 直接注入法	Cocoa Powder 可可粉	Irish Coffee Glass 愛爾蘭咖啡杯
C6-3	Viennese Espresso 義式維也納咖啡 CS15	30ml Expresso Coffee 義式咖啡 (7g) 30ml White Chocolate Cream 白巧克力酒 30ml Macadamia Nut Syrup 夏威夷豆糖漿 120ml Milk 鮮奶	Shake 搖盪法	Float Three Coffee Beans 3 粒咖啡豆	Collins Glass 可林杯

義式咖啡

第 5 章

酒精濃度
及成本計算

　　大多數學習調酒的人，都喜愛追求調酒過程的變化與技巧，更被調酒的肢體酷炫感所吸引，但實際上，在經營管理方面最重要的是，每位調酒師與吧台人員，都需要懂得計算每一杯調酒的酒精濃度與成本，才能從酒水的成本率分析中去調節指導酒吧實際出品和營業，以保持酒水與銷售的平衡，並達到有效控管的成果。

學習重點

1. 熟悉飲料名稱原文及英文拼音。
2. 熟悉裝飾物英文及拼音。
3. 熟記杯器皿的英文及拼音。
4. 學習酒精濃度成本計算。

5-1　材料表與價格表

　　參加「飲料調製乙級技術士技能檢定」術科測試檢定的製作報告時，現場會提供一份完整的材料一覽表供製作報告使用，包括苦艾酒、香甜酒等各項再製酒、6 大基酒、紅石榴糖漿、柳橙汁等配料；及檸檬、萊姆、薄荷葉等裝飾物使用之生鮮類；還有各款酒杯及容 。本節僅截取部分項目，主要目的在提供 5-2 案例解析計算使用，表 5-1 中的酒精度、容量、酒精度、價格皆為參考用。

表5-1　材料與價格表

【再製酒類】					【蒸餾酒類】				
酒 1	甜味苦艾酒	750ml/ 瓶	20% Alc	390 元	酒 8	波本威士忌	700ml/ 瓶	45% Alc	550 元
酒 2	白柑橘香甜酒	700ml/ 瓶	42% Alc	480 元	酒 9	白色蘭姆酒	750ml/ 瓶	45% Alc	550 元
酒 3	青蘋果香甜酒	760ml/ 瓶	20% Alc	600 元	酒 10	深色蘭姆酒	750ml/ 瓶	45% Alc	550 元
酒 4	深可可香甜酒	720ml/ 瓶	28% Alc	480 元	酒 11	伏特加	700ml/ 瓶	48% Alc	500 元
酒 5	卡魯哇咖啡香甜酒	700ml/ 瓶	25% Alc	550 元	酒 12	白蘭地	700ml/ 瓶	50% Alc	550 元
酒 6	咖啡香甜酒	700ml/ 瓶	30% Alc	480 元	酒 13	特吉拉	760ml/ 瓶	48% Alc	500 元
酒 7	提亞瑪麗亞咖啡香甜酒	750ml/ 瓶	32% Alc	650 元	酒 14	琴酒	700ml/ 瓶	48% Alc	500 元
【果汁類】					【生鮮類】				
配 1	蘋果汁	750ml	一瓶	90 元	鮮 1	檸檬	一個		6 元
配 2	柳橙汁	1000ml	一瓶	90 元	鮮 2	柳橙	一個		4 元
配 3	紅石榴糖漿	700ml	一瓶	100 元	鮮 3	萊姆	一個		6 元
配 4	椰漿	400ml	一瓶	70 元	鮮 4	薄荷葉	12 片		5 元
配 5	蘋果汁	750ml	一瓶	90 元					

1. 新鮮檸檬、萊姆汁15ml以下，以1/2個計算，16～30ml以1個計算，以此類推。

2. 新鮮柳橙汁30ml以下，以1/2個計算，31～60ml以1個計算，以此類推。

3. 奶泡的鮮奶以200ml計算。

4. 加有氣飲料的冰塊，以杯皿總容量25％計算。

5. 加無氣飲料的冰塊，以杯皿容量15%計算。

6. Dash以0.9ml計算；Splash以5ml計算。

7. 一根香蕉、一個葡萄柚，皆以增加100ml容積計算。

8. 一顆奇異果，以增加80ml容積計算。

9. 糖、細鹽、方糖、薄荷葉及嫩薑，請去除容積。

10. 易開罐飲料以整罐計算，瓶裝飲料以實際容量計算。

11. 其他少許的材料，可自行設定價錢及容積，但須註明清楚。

表5-2為不同容器的容量大小整理，供讀者方便使用。

表5-2　不同容器的容量大小整理

1	可林杯	360ml	8	雞尾酒杯	120ml
2	高飛球杯	300ml	9	雞尾酒杯（大）	180ml
3	古典酒杯	240ml	10	托地杯	240ml
4	香甜酒杯	30ml	11	炫風杯	420ml
5	酸酒杯	150ml	12	烈酒杯	60ml
6	愛爾蘭咖啡杯	240ml	13	高腳香檳杯	120ml
7	馬丁尼杯	90ml	14	白酒杯	120ml

5-2　案例解析

　　本節分別舉使用威士忌 (Whisky)、蘭姆 (Rum)、特吉拉 (Tequila)、蘭姆 (Rum)、白蘭地 (Brandy)、伏特加 (Vodka) 調製的 Apple Manhattan（蘋果曼哈頓）、Apple Mojito（莫吉托）、Tequila Sunrise（龍舌蘭日出）、Pina colada（鳳梨可樂達）、Side Car（側車）、Screw Driver（螺絲起子）等 6 種世界知名人氣經典調酒案例，示範如何計算酒精濃度與成本。

C15-2

Apple Manhattan
蘋果曼哈頓

	INGREDIENTS 材料	QUANTTTY 調酒使用量 (ml)	PRICE 每 ml 容量或 單位成本價	TOTAL SUM
1	Bourbon Whisky	30	460÷700 = 0.65	19.5
2	Sour Apple Ligueur	15	610÷750 = 0.81	12.15
3	Triple Sec	10	510÷700 = 0.72	7.2
4	Rosso Vermouth	15	410÷760 = 0.53	7.95
5				
6				
7				
8				
小計		70		46.8

Total Cost NT$ 46.8	成本計算至小數點第二位，不需四捨五入。
Glassware：Cocktail	Garnish：Apple Tower
Method （請寫出調製過程）	1. 冰杯。 2. 將 1 ～ 4 項材料依序加入玻璃杯中 Stir。 3. 將成品過濾至杯中。 4. 放上 Garnish。
酒精濃度計算小數點第二位，請寫出計算公式 （酒精度計算請扣除冰塊容積）	30×40% = 1,200 15×15% = 225 10×30% = 390 15×16% = 240 2,055÷70 = 29.35　　　　　　Ans：29.35%Alc

C14-1

Apple Mojito
蘋果莫西多

	INGREDIENTS 材　料	QUANTTTY 調酒使用量 (ml)	PRICE 每 ml 容量或 單位成本價	TOTAL SUM
1	White Rum	40	460÷750 ＝ 0.61	24.4
2	Fresh Lime Juice	30	1	6
3	Sour Apple Ligueur	30	610÷750 ＝ 0.81	24.3
4	12 Fresh Mint Leaves			5
5	Top with Apple Juice	134	80÷750 ＝ 0.10	13.4
6				
7				
8				
小計		234		73.1

Total Cost NT$ 73.1　　　　成本計算至小數點第二位，不需四捨五入。

Glassware：Collins　　　　Garnish：Mint Aprig

Method （請寫出調製過程）	1. 將 1 ～ 4 項材料依序加入杯中，以 Muddle 方式搗勻，加碎冰至杯中，再以 Build 方式加入 1、3、5 項材料。 2. 將裝飾物及吸管放入杯中。
酒精濃度計算小數點第二位，請寫出計算公式 （酒精度計算請扣除冰塊容積）	$40×40\% ＝ 1,600$ $30×15\% ＝ 450$ $1600 ＋ 450 ＝ 2050$ $360×0.8 ＝ 288$ $288-54 ＝ 234$ $2,050÷234 ＝ 8.76$ Ans：8.76 %Alc

C5-1

Tequila Sunrise
特吉拉日出

	INGREDIENTS 材　料	QUANTTTY 調酒使用量 (ml)	PRICE 每 ml 容量或 單位成本價	TOTAL SUM
1	Tequila	45	460÷700 = 0.65	29.25
2	Orange Juice	90	610÷1,000 = 0.1	9
3	Grenadine	15	510÷700 = 0.21	3.15
4				
5				
6				
7				
8				
小計		150		41.4

Total Cost NT$ 41.1	成本計算至小數點第二位，不需四捨五入。
Glassware：Highball Grass（240ml）	Garnish：Orange Slice & Cherry
Method （請寫出調製過程）	1. 以 Build 的方法，將 1、2 項材料依序加入已裝冰塊之杯中。 2. 再以 Float 的方法加入 3 項材料。 3. 放上 Garnish & Stirrer。
酒精濃度計算小數點第二位，請寫出計算公式 （酒精度計算請扣除冰塊容積）	Tequila：40%Alc×45ml = 1,800 1,800÷150 = 12　　　　　　　　　　　Ans：12%Alc

C2-3

Banana Batida
香蕉巴迪達

	INGREDIENTS 材　料	QUANTTTY 調酒使用量 (ml)	PRICE 每 ml 容量或 單位成本價	TOTAL SUM
1	Cachaca	45	460÷700 = 0.65	29.25
2	Cream de Banana	30	510÷700 = 0.72	21.6
3	Fresh Lemon Juice	20	1	6
4	1 Fresh Peeled Banana	100	1	8
5				
6				
7				
8				
小計		195		64.85

Total Cost NT$ 64.85	成本計算至小數點第二位，不需四捨五入。
Glassware：Hurricane	Garnish：Banana
Method （請寫出調製過程）	1. 將 1 ～ 4 項材料，放入冰砂機上座上，加入適量冰塊以 　 Blend 方式混合均勻。 2. 放吸管及裝飾物。
酒精濃度計算小數點第二位，請寫出計算公式 （酒精度計算請扣除冰塊容積）	40%×45ml = 1,800 24%×30ml = 720 1,800×720 = 2,520 2,520×195 = 12.92　　　　　　Ans：12.92 %Alc

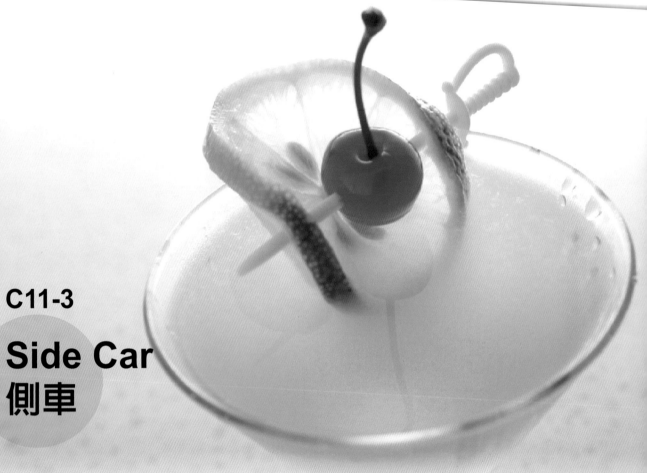

C11-3

Side Car
側車

	INGREDIENTS 材　料	QUANTTTY 調酒使用量 (ml)	PRICE 每 ml 容量或 單位成本價	TOTAL SUM
1	Brandy	30	460 ÷ 760 = 0.60	18
2	Triple Sec	15	510 ÷ 700 = 0.72	10.8
3	Fresh Lime Juice	30	1	6
4				
5				
6				
7				
8				
小計		75		34.8

Total Cost NT$ 34.8	成本計算至小數點第二位，不需四捨五入。
Glassware：Cocktail	Garnish：Lemon Slice &cherry
Method （請寫出調製過程）	1. 冰杯。 2. 將 1～3 項材料 Shake 均勻。 3. 將成品倒入杯中。 4. 放上 Garnish。
酒精濃度計算小數點第二位，請寫出計算公式 （酒精度計算請扣除冰塊容積）	40% × 30 = 1,200 39% × 15% = 585 1,785 ÷ 75 = 23.8　　　　　　　Ans：23.8 %Alc

C10-1

Screw Driver
螺絲起子

	INGREDIENTS 材　料	QUANTTTY 調酒使用量 (ml)	PRICE 每 ml 容量或 單位成本價	TOTAL SUM
1	Vodka	50	410÷720 ＝ 0.56	28
2	Top with Fresh Orange Juice	145	2.5	10
3				
4				
5				
6				
7				
8				
小計		195		38

Total Cost NT$ 38	成本計算至小數點第二位，不需四捨五入。
Glassware：High Ball	Garnish：Orange Slice
Method （請寫出調製過程）	1. 將杯子裝 8 分滿冰塊。 2. 依序將 1、2 項材料以 Build 方式再加裝飾物及調酒棒。
酒精濃度計算小數點第二位，請寫出計算公式 （酒精度計算請扣除冰塊容積）	40%×50 ＝ 2,000 300×0.8 ＝ 240 300×15% ＝ 45 240-45 ＝ 195 2,000÷195 ＝ 10.25　　　　　　　Ans：10.25 %Alc

經典調酒

調酒的分類方式有很多，按照調製方法，可分為長飲和短飲兩大類，短飲，意即短時間喝的雞尾酒，此種酒採用搖盪或攪拌以及冰鎮的方法製成，使用雞尾酒杯。一般認為雞尾酒在調好後10～20分鐘飲用最佳，大部分酒精度數是30℃左右。如馬丁尼(Martini)、曼哈頓(Manhattan)。

而長飲，則是調製成適於消磨時間悠閒飲用的雞尾酒，通常會加入蘇打水或果汁等，與短飲相比大多酒精濃度低，所以較容易喝。依製法不同而分若干種。長飲的類型，如Collins可林、Cooler酷樂、Sling司令。

不同種類的雞尾酒，採用的調製方法不同，如Martini、Manhattan採用攪拌法；如長飲型的Collin則採直注法；餐前雞尾酒Sour採搖盪法，以下列舉常用類型說明：

學習重點

1. 分辨21種經典調酒的類型。
2. 掌握調酒的基本原則。
3. 學習調酒的專業術語。

 6-1　21 種經典調酒的類型

　　很多調酒都有其蘊含的故事來源，及製作的先後次序和訣竅，表 6-1 整理出 21 種經典調酒的類型，分別以流程圖標示，方便讀者參考。

表6-1　21種經典調酒

雞尾酒名稱	製作方法
1.Cocktail（雞尾酒）	通常指蒸餾酒為基酒加上酸甜味的配料，再以搖盪法調製，如「New York 紐約」。 **蒸餾酒 + 酸甜味的酒或果汁 + 碳酸飲料** **搖盪法 Shake**
2.Fizz（費士）	所謂 Fizz，係指碳酸飲料所含的二氧化碳所發出的氣泡聲。介於短飲與長飲型雞尾酒中的飲品。以 Gin 等烈酒為基酒加上檸檬汁、砂糖與蘇打水，如「GinFizz 銀費士」。 **蒸餾酒 + 酸甜味 + 碳酸飲料** **搖盪法 Shake**
3.Mojito（莫西多）	蒸餾酒加入薄荷葉、砂糖、萊姆角，用壓榨法讓香味出來，加滿碎冰，放入杯中加入碳酸飲料，如「Mojito 莫西多」。 **蒸餾酒 + 薄荷葉、砂糖、萊姆角 + 碎冰 + 碳酸飲料** **壓榨法 Muddle 或直注法 Build**

（續下頁）

（承上頁）

雞尾酒名稱	製作方法
4.Fixes（費克斯）	強調酸味口感的微甜飲品。屬於以烈酒為基酒的短飲型雞尾酒。在 180 ～ 240ml 的高球杯中放入碎冰塊、1 小匙檸檬汁、鳳梨糖漿，再倒入烈酒，接著以湯匙充分攪拌。 **蒸餾酒 + 香甜酒 + 柑橘類果汁 + 水果糖漿** |_____| **搖盪法 Shake 或直注法 Build**
5.Gin Cooler（酷樂）	是種充滿清涼氣息的飲料。在烈酒中加入檸檬或萊姆汁增加甘甜味，並按比例加入蘇打水或薑汁汽水飲用。如以琴酒為基酒的「Gin Cooler 琴酷樂」。 **蒸餾酒 + 檸檬 + 甘甜味 + 碳酸飲料** |_____| **直注法 Build**
6.Sour（沙瓦）	突顯檸檬酸味的烈酒型飲品，酸中帶甜，是餐前雞尾酒，「Sour」是酸的意思。在烈酒基酒中，加入檸檬汁與砂糖，調出這種長飲型雞尾酒。有些美國之外的國家會使用蘇打水或香檳作為材料酒。代表性的雞尾酒有「Whiskey Sour 威士忌酸酒」。 **蒸餾酒 + 酸味 + 甜味或碳酸飲料 Champagne** |_____| **搖盪法 Shake**
7.Ricky（利克）	用攪拌棒一邊擠壓萊姆，一邊飲用。此類型為在烈酒中加入新鮮萊姆，倒滿蘇打水並附上攪拌棒。飲用時要一邊享受萊姆的味道與香氣，若無萊姆時，也可用檸檬代替。 **蒸餾酒 + 萊姆 + 碳酸飲料** |_____| **壓榨法 Muddle**

（續下頁）

（承上頁）

雞尾酒名稱	製作方法
8.Punch（賓治）	在酒會或慶生會上很常見的混合性雞尾酒。如「Planter's Punch 拓荒者賓治」。 **蒸餾酒 + 酸甜味 + 碳酸 + 水果 + 水果片** **搖盪法 Shake 或直注法 Build**
9.Buck（霸克）	能夠解渴的長飲型雞尾酒。「Buck」是雄鹿的意思，因喝下這款酒會像雄鹿般有勁而得名。以各種烈酒為基酒在加上檸檬汁與薑汁汽水調製而成。其中最出名的是以辛辣琴酒為基酒的「Gin Buck」。 **蒸餾酒 + 檸檬汁 + 薑汁汽水** **直注法 Build**
10.Egg Nog（蛋奶酒）	誕生於美國，加了牛奶的雞蛋酒。蛋奶酒來自美國南部的聖誕飲品。在白蘭地、蘭姆酒等蒸餾酒中加入雞蛋、牛奶和砂糖等，也常加入豆蔻等香料一起採搖盪法調製。如「EggNog 蛋酒」。 **蒸餾酒 + 蛋 + 牛奶 + 甜味 + 香料** **搖盪法 Shake**
11.Toddy（托地）	在烈酒中加入砂糖、水或熱水，其中以 HotToddy 熱托地最為人所熟知。熱飲時，一般會加入檸檬片、丁香等香料提升香氣。如「HotToddy 熱托地」。 **蒸餾酒或釀造酒 + 熱水** **直注法 Build**

（續下頁）

（承上頁）

雞尾酒名稱	製作方法
12.Crusta（夸斯特）	以削成螺旋狀的果皮作成裝飾，用白蘭地等烈酒為基酒，再加入檸檬汁、苦酒、砂糖等搖盪後即完成。「Crust」有外皮的意思，因此最後一定要在玻璃杯緣以螺旋狀的檸檬皮或柳橙皮作為裝飾。 蒸餾酒 + 甜酸味 + 混合酒 搖盪法 Shake
13.Strega Mojito（女巫莫西多）	碎薄荷葉與砂糖是此類雞尾酒調製關鍵。命名由來為莎士比亞著作「羅密歐與茱麗葉」，是美國南部流行的飲品。以壓碎的薄何嫩葉與砂糖混入烈酒或葡萄酒中，再倒入擺有碎冰塊的大型玻璃杯，附上吸管即可。 蒸餾酒或釀造酒 + 甜味 + 薄荷葉 壓榨法 Muddle+ 直注法 Build
14.Daisy（戴茲）	以雛菊為名，是一種女性飲用的雞尾酒。酒名是雛菊的意思，特徵是以裝滿冰塊的玻璃杯和水果作為裝飾。威士忌、白蘭地等烈酒加入果汁、糖漿，在擺上水果切片作裝飾是最普遍作法。 蒸餾酒 + 甜酸味 + 水果 + 水果片 搖盪法 Shake
15.Slings（司令）	長飲型雞尾酒的經典酒款。烈酒加上檸檬水、蘇打水，還可依個人喜好加入甜味。誕生於新加坡的拉弗爾茲飯店，以「SingaporeSling 新加坡司令」最為聞名。 蒸餾酒 + 甜酸味 + 混合酒 + 碳酸 搖盪法 Shake

（續下頁）

（承上頁）

雞尾酒名稱	製作方法
16.Frappe（芙萊蓓）	在玻璃杯中裝滿冰塊的雞尾酒。材料與碎冰塊一同搖盪後，一起倒入玻璃杯中；另外一種作法是將香甜酒等酒類，直接倒入裝滿碎冰塊的玻璃杯中。如「Mint Frappe 薄荷芙萊蓓」。 利口酒 + 碎冰 └──────┘ 注入法 Pour
17.HighBall（高球）	稀釋氣泡式飲品調製而成的長飲型雞尾酒。原本是「威士忌蘇打」即威士忌加上充份冷卻的蘇打水。隨著時代變遷，現在則是將包括烈酒在內的各式酒類倒入裝有冰塊的高球杯中，在倒入蘇打水、薑汁汽水、可樂、奎寧水等稀釋後即可。如「WhiskyCoke 威士忌可樂」。 所有酒類 + 果汁或碳酸飲料 └──────────┘ 直注法 Build
18.Collins（可林）	讓可林杯出名的長飲型雞尾酒。「Collins」原是感謝函的意思，以前的人在前一天，於是撰寫感謝函答謝對方，卻因為宿醉而難以下筆，偶然發現這種酒可以減輕宿醉而得名。因使用可林杯而出名。如「CaptainCollins 領航者可林」。 蒸餾酒 + 砂糖 + 檸檬 + 碳酸飲料 └───────────────┘ 直注法 Build

（續下頁）

（承上頁）

雞尾酒名稱	製作方法
19.Frozen（霜凍）	可以嚐到冰沙的雞尾酒。碎冰塊與其他材料一起放入果汁機中打成冰沙狀。因深受作家海明威所喜愛而聞名的「雙凍戴吉利」就是其中代表。大都出現在以蘭姆酒與龍舌蘭為基酒的熱帶雞尾酒中。如「FrozenMagarita 霜凍瑪格麗特」。 **所有酒類 + 材料 + 冰塊** ┕━━━━━━┙ **Blend 電動攪拌法**
20.Layer（分層）	將數種香甜酒或烈酒依比重較重的酒款層層注入，讓酒出現分層。多層的雞尾酒稱為「彩虹酒」或「Pausse Café 普施咖啡」。
21.On the Rocks （純加冰塊）	因冰塊如岩石般置於杯中而得名將，大冰塊放進裝「古典酒杯」，再倒入威士忌等烈酒及完成。如「GodFather 教父」。

6-2 調酒的基本原則

　　混合 2 種以上的原料，內含酒精成分、色彩、風味、口感變化豐富，具備趣味與知識性的飲料，稱為 Cocktail 雞尾酒，不僅是酒吧中常見的飲料，也是各式酒會、宴會中不可或缺的飲品。

　　經典調酒的變化特性取決於基酒性質與配料的特點，在色澤的搭配、香氣的烘托；酸、甜、苦、辣口味的掌握；視不同調酒選用不同種類的酒杯與裝飾物點綴，以營造出各異其趣的各款 Cocktail 雞尾酒。

一、調酒的基本法則

1. 應先將所有材料和器具準備好，並擺放在固定位置。
2. 按照配方及用量規則調整，味道應該是標準的。
3. 杯子清洗後先瀝乾水分，再用清潔棉布或餐巾紙擦乾淨。
4. 要養成使用盎司杯的習慣，分量要精準。
5. 雞尾酒杯或酸酒杯調製時需先冰凍杯子，使用後立即清洗。
6. 無論搖盪或攪拌酒時，動作要快，時間要短，以免冰塊過度溶化。
7. 雪克壺的上蓋不能用來試喝對嘴，用過儘快清洗，放在吧台墊上瀝乾，盎司杯也是相同處理。
8. 任何有汽泡的飲料不能倒入雪克壺中搖。
9. 常練習抓酒杯倒酒，瓶口和盎司杯相碰在一起，垂直角度，兩指輕抓，倒酒要穩要快。
10. 雞尾酒調好後，應立即過濾倒入杯內，並將酒杯至於杯墊上，供顧客飲用。
11. 不可用手或杯子挖取冰塊，冰鏟不可置於製冰機內。
12. 隨時保持工作檯面整潔，器具用畢立刻清洗歸位，材料用畢也需立即歸位。

二、基本調酒程序

1. 準備並檢視相關器具與材料。
2. 選用適當酒杯。
3. 檢查酒杯是否乾淨。
4. 檢視調酒器皿是否乾淨。
5. 準備裝飾物。
6. 冰杯（或溫杯）：冰鎮的杯子可保持雞尾酒的風味，最簡易的冰杯方法就是事先把酒杯放入冰箱冰鎮。
7. 調酒器皿中加入冰塊。
8. 加入主材料。
9. 加入副材料。
10. 調製方法（如搖盪、直注、攪拌、電動攪拌、漂浮、霜凍法等）。
11. 倒入酒杯。
12. 加上裝飾物。
13. 置於杯墊上呈遞給客人。

6-3　調酒的專業術語

調酒界有 3 種術語，有吧檯術語、威士忌 (Wiskey) 和香檳術語，如表 6-2 為常見的吧檯專業術語。

表6-2　常見吧檯專業術語

英文	中文	英文	中文
Base	基酒	Squezze	壓擠
Ingredient	常用基酒配料	Single	一份
House Brand	店家選用基酒品牌	Double	二份
Call Brand	指定品牌	Dash	3～5 滴
Snow Style	雪糖杯或鹽口杯	Crush ice	碎冰
Garnish	裝飾物	Twist	扭轉
Recipe	配方	Peel	皮

（續下頁）

（承上頁）

英文	中文	英文	中文
Half&Half	一半酒一半水	Punch	賓治
Corkscrew	軟木塞開瓶器	Tumbler	平底杯
Dry	辛辣	Goblet	高腳杯
Straight Up	純飲	Water Back	酒後杯水
On the Rocks	加冰塊	Splash	撥、濺、灑
On the House	店家請客	Bitter	苦精
Chaser	酒後清淡飲料	Corkscrew	開酒器
Mocktail	無酒精雞尾酒	Stir	攪拌
Slice	片	Shake	搖盪
Wedge	角	Float	漂浮
Decanter	過酒器	Build	直接注入
Aging	年份	Last call	最後點酒
Spirit	烈酒	Top with	加滿
Liqueur	利口酒	Fill up	加滿
Alcohol	酒精	Finger	指幅
Proff	酒精度	Appertif	開胃酒
Non Alcohol	無酒精	Lager	淡啤酒
Wine Cellar	酒窖	Ale	麥酒
Sparkling	氣泡	Porter stout	黑啤酒
Mixing Glass	刻度調酒杯	Maraschino	櫻桃酒
Muddle	壓榨	Last order	最後點單

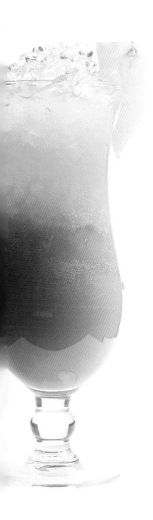

吧檯的靈魂：
調酒師
(Bartender)

近幾年台灣酒吧與夜店文化逐漸流行，不僅與國際潮流接軌，也成為一種時尚的象徵，更帶動了「調酒師」(Bartender)這個時髦職業的火熱需求。堪稱吧檯靈魂的調酒師，主導一家酒吧的風格與個性，也是一家酒吧吸睛的魅力指標。本章，就讓我們來認識調酒師與他的展演舞台。

20世紀的歐洲是「雞尾酒的黃金年代」，創作了許多至今仍廣受喜愛的經典調酒，亦是調酒大師的不朽佳作。調酒師的起緣是1920～1933年美國實施禁酒令期間，許多優秀調酒師紛紛出走到歐洲，在當地開枝散葉也互相競技，讓調酒師能盡情揮灑。

學習重點

1. 瞭解吧台人員的職業道德及職業屬性。
2. 認識調酒師(Bartender)的工作內容與未來發展。

7-1 調酒師 (Bartender) 專業必備條件

圖7-1　調酒師(Bartender)

假如吧檯是一家戲劇院的舞臺，調酒師就是在舞臺上展演的主角。除了按照客人喜好調製所需求的雞尾酒外；隔著吧檯，必須聆聽各式各樣的客人說著不同的心情故事，有快樂的也有悲傷的。調酒師是夜晚的心理醫師，讓每個顧客感受賓至如歸，又有絕佳的聊天對象（圖7-1）。

調酒師需要具備細膩的心思、待人接物熱情又貼心等特質。調酒師看起來浪漫又愜意，其實他的工作可一點都不輕鬆，工作站一整天，當酒吧打烊時，所有顧客人去樓空，留下他獨自一個人面對杯盤默默地收拾吧台。

一、調酒師需具備的條件

身為專業調酒師本身雖不一定很會喝酒，但絕對是酒類及飲料的調製專家，具備酒類及雞尾酒專業知識並掌握最快速的資訊，可以隨時和顧客互動交流與分享。下列是調酒師需具備的條件：

1. **個性開朗、善於溝通：**好的調酒師既會調酒又會「調情」，來酒吧品酒的人就是在品味情調和生活，作為調酒師要性格開朗，善於與大家溝通，營造輕鬆的氛圍（圖7-2）。

圖7-2　調酒師不僅要會調酒，更要善於與客人溝通，營造輕鬆的氛圍

2. **記憶力佳、掌握資訊：**酒千萬種，雖無法全都知道，但是在自家酒單上的每一款調酒配方，絕對要瞭若指掌。對最新流行雞尾酒，也要掌握其調酒配方。

3. **色彩美感、搭配眼光：**調酒師要具有色彩美學，雖說調酒的裝飾物與口感無直接關係，但鮮豔華麗的色彩與花俏的造型都會讓調酒更加撫媚動人，每一杯調酒都要讓客人感到賞心悅目（圖7-3）。

圖7-3　鮮豔華麗的色彩與花俏的造型會讓調酒更加撫媚動人

4. **細膩貼心、善於觀察：**對光臨酒吧的顧客，要記住其喜好和習性，對於單身的女性酒客要特別保護，若有其它酒客騷擾，尊重她的選擇，決定是否應該幫忙。對於單身又容易喝醉的酒客要特別注意，不要一昧促酒，同時在要離開時，盡可能幫忙叫計程車，並記下車號，最好叫有配合的車行。

5. **服務熱忱、抗壓力強：**對餐飲業要具有服務熱忱，儀表端莊，言行舉止良好，最重要是面對同時湧入的顧客，不僅要快速完成顧客的需求，還要有夠強的抗壓力，才能神色自若，面露微笑的服務每一位客人。

二、調酒師的工作內容

在繽紛的調酒世界，調酒師的工作並不如表面看來那邊愜意浪漫，總體來說，吧檯內的工作都屬調酒師負責的範圍，調酒師除了需要具備一流的調酒技術外，還需要對商品品質控制，舉凡商品選購與進貨管理有關的原料（酒）的品質、杯器皿等用品的選購品味，以及調製過程及裝飾物等都要能上手（圖 7-4）。

圖7-4　調酒師的工作內容十分多樣

調酒師的工作內容如下：

（一）負責吧檯內的營運工作

　1. 負責營業前後的各項檢查工作。

　2. 執行盤點的工作。

　3. 每日查閱幹部交接本，完成前班或主管交辦的事宜及注意事項。

　4. 填寫報修單，並追蹤修後工作。

　5. 注意各項物品耗損用情形負責填寫領料單。

　6. 執行酒吧時段的工作項目，落實SOP的教導執行工作。

　7. 負責點酒及調酒的工作，並做適當的推薦與推銷。

　8. 注意吧檯區域的整潔及各項物品之齊全。

　9. 負責報破損。

10. 營業場所內外器皿保管檢查。

11. 每日檢查核對酒類報表實際存量是否符合標準，填寫酒類報表和不定期
　　接受盤點，核對酒類及飲料的存量，也要清點酒吧的存貨。

12. 成本控制及控管酒水進貨。

13. 營業結束後物品的清理及各項善後檢查工作。

14. 配合財務部每月營業用品盤點。

15. 負責酒類銷售帳的報表。

（二）顧客關係

1. 處理顧客抱怨。

2. 建立良好顧客關係及VIP資料。

3. 處理顧客抱怨事宜。

（三）促銷活動的執行

1. 配合季節，節慶研發新品飲料。

2. 餐酒搭配開立酒單。

（四）其他

1. 提昇對顧客銷售技巧及禮儀訓練。

2. 自我提昇外語能力。

3. 參加調酒比賽，提升知名度與活躍度。

4. 不斷的充實應有的新知識與技術。

　　調酒師除了要負責以上的工作外，最具挑戰的是上班時間日夜顛倒的生活方式，畢竟不是每個人都可以長期適應，此外，最重要的是要對這份工作具有熱誠和人格特質，才能在舞台上揮灑自如，吸引目光。

三、調酒師的未來與發展

　　調酒師若進入酒吧、夜店當 Bartender，隨著工作經驗與資歷，如果能同時取得許多餐飲相關證照，對將來晉升管理職也很有幫助，如資深調酒師、吧台副理、吧台經理，在此工作中，不僅可學得工作經驗，又可從與各個不同的顧客談話中吸收新知識，增廣見聞．這項工作對於年輕人而言，非常具有挑戰性。在夜店工作要很活潑開朗，且須把持得住不為金錢、玩性所迷惑，才能做得長久，目前兩岸三地的酒吧業非常興旺，極需具有創意的調酒師，目前仍處於供不應求的情況。

　　若對教學具有熱情的人，除了取得技能的證照之外，還必須修習教育學分、領取合格證書才能跨過門檻，進入學校當老師或教學單位當調酒教練。

NOTE

吧檯佈置及裝飾物製作

吧檯是酒吧或餐廳、旅館等現代餐飲空間向客人提供酒水及其他服務的工作區域，也是酒吧的核心。而吧檯調酒員站在第一線與顧客接觸，身兼製作與服務，所有製作過程都直接呈現在顧客面前，因此，作業時要更加謹慎細心，且動作要優美。雞尾酒的調製不僅是技能更是美學的呈現，裝飾與點綴雞尾酒，需要有色彩與美學概念才能讓一杯調酒達到賞心悅目的境界。

學習重點

1. 認識吧檯基本設備與器具。
2. 瞭解吧檯的標準作業流程。
3. 學習吧檯裝飾物的製作技能。
4. 重視吧檯作業的衛生安全觀念。

8-1　吧檯基本設備與器具

吧檯是酒吧或餐廳、旅館等現代餐飲空間，向客人提供酒水及其他服務的工作區域，也是酒吧的核心，因此通常會設置在酒吧的最明顯位置，讓客人剛進店時就能一眼看到吧台的位置，一般而言，會設在顯著的位置，如進門處或正對門處等。

吧檯空間大小一般取決於餐廳的規模和風格，同時也應符合調酒師工作的順暢性及服務客人的便利性；一般在材質選擇尚需考量耐水、耐火、耐汙等安全衛生條件。因每個酒吧空間形式及經營特點不同，因此吧檯通常是由經營者主導設計，經營者也必須瞭解吧台的結構。

一、吧檯設備

吧檯通常由前吧檯、後吧檯及和工作檯操作區 3 部分組成，吧檯的高度約為 110 公分，寬度不超過 60 公分，外沿常以厚實的皮革包覆或以銅管裝飾。厚度通常為 4 到 5 公分，但這種高度有時需視調酒師的身高而定，以便利其工作。根據吧檯結構分別說明，如圖 8-1：

1. **前吧檯(Front Bar)：**檯面需要有41～46公分寬，吧檯的高度約110～120公分，酒吧相關的設備，應設置在110公分之下；材質可選木質或石材，外

圖8-1　吧檯設備

側上方可加上皮革軟墊設計，讓客人觸感較舒適。在吧檯顧客座位的下方離地約10～15公分應設置腳踏桿，約離地面1呎高。

2. **工作檯(Under Bar)**：這是酒吧吧檯飲料供應的心臟，也是調酒師調製飲料之處，位於前吧檯檯面下，高度約75到80公分，一般為木質或不鏽鋼材質，工作檯通常以不鏽鋼製造較方便清潔消毒，大都會包刮下列設備：3格洗滌槽（具有清洗、沖洗、消毒功能）或自動洗杯機、水池、儲冰槽、貯水槽、酒瓶架、杯架、蘇打槍以及飲料或啤酒配出器，檯面上則擺放相關器皿及備品，調酒師工作時取用的物品，除擺放在工作檯上，有些會擺放於後吧台區。

工作檯的下方，可設置冷藏及冷凍置物櫥櫃，此區所有機具設備器皿的擺放應符合人體工學，以方便調酒師作業，一般以容納2至3人工作為主。兩區之間是調酒師的工作走道，寬度需視工作人員多寡而定，一般應有100公分左右，否則迴轉空間不足，會妨礙工作進行，且不可濕滑或擺放雜物，以免造成安全上的顧慮。

前吧檯與後吧檯工作走道，走道地面應鋪設塑料或木頭條架，或鋪設橡膠墊板，以減少服務人員長時間站立而產生的疲勞。此一走道可視規模及業務量大小寬達1米到3米左右。

3. **後吧檯陳列區(Back Bar)**：為酒吧吧檯靠牆的區域，通常會分為上層和下層兩櫥櫃，以及與工作檯等高的置物櫃3部分。上層廚櫃通常用來陳列烈酒、酒具、酒杯及各種瓶裝酒，有陳列裝飾和倉儲的功用；安裝在下層的冷藏櫃則作冷藏白葡萄酒、啤酒及各種水果原料之用；另一部分與工作檯同高的檯面則可放置物櫃、冷藏櫃或製冰機、飲水機以及義式咖啡機等。

二、吧檯基本調製器具

工欲善其事必先利其器，想要在學習調酒時有個好的開始，首先就必須了解各式各樣的調製器具。表8-1為吧檯基本調製器具：

表8-1 吧檯基本調製器具一覽表

1. 三段式搖酒器 (Shaker)： 內杯玻璃器製；外杯不銹鋼製，調酒壺由壺蓋、濾網、壺身3部分所組成，將材料和冰放進壺身裡，依序套上濾網和壺蓋，搖晃後，將壺蓋拿開，透過濾網將裡面的酒倒出來。		2. 調酒杯 (Mixing Glass)： 要把酒類等易於混合的同質材料混合在一起時或要使調製的雞尾酒能充分發揮原有材料味道以及具有鮮艷色彩時，可使用此種調酒杯，容易保持酒與配料的原味。	
3. 吧叉匙 (Bar Spoon)： 為一長柄湯匙，中間為螺旋狀紐繞，讓攪拌起來更順暢，吧匙另一端為叉子狀，可用來拿取瓶子裡的櫻桃，或將檸檬片擺在杯子裡，用途很廣。		4. 隔冰器 (Strainer)： 作用是預防調酒杯裡的冰塊或水果籽掉進酒裡，濾網作用就在從冰和雞尾酒的混合物中，將雞尾酒單獨過濾出來。	
5. 量酒器 (Jigger)： 金屬製的杯子，用來測量酒類或果汁的分量，一般容量都是30ml與45ml兩端備隊倍的量杯。		6. 電動攪拌機 (Blender)： 加冰雞尾酒就須此種攪拌機，聲音很吵但卻是酒吧必備器具之一。	

三、其他器具和備品

　　無論是哪一種調酒，在製作時都需要一些專有的器具才能完成。要冰杯就需冰鏟；加冰塊則用冰夾，不同的裝飾物用的器具也不同。器具齊備才能讓調製工作得心應手、運用自如。其他器具和備品，如圖 8-2 和表 8-2 所示：

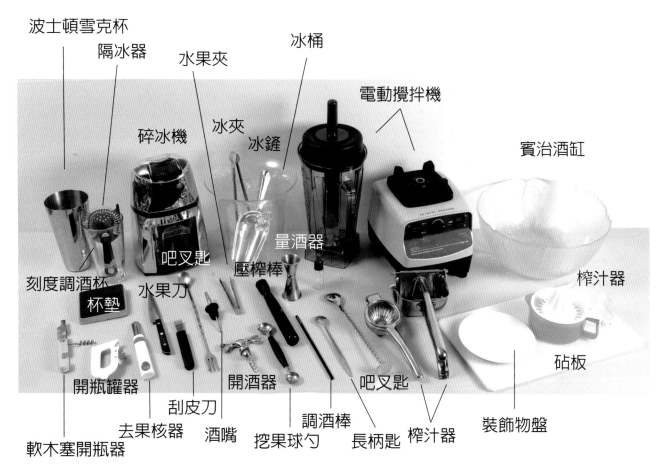

圖8-2　其他器具和備品外觀

表8-2　其他器具和備品

1. 冰鏟：舀冰的鏟子
2. 冰夾：夾冰塊的器具，前端呈鋸齒狀一選擇不鏽鋼材質較佳。
3. 冰桶：用來裝小冰塊的器具
4. 碎冰機：專門用來碎冰的機器，有手動和電動式。
5. 開瓶器：啤酒或碳酸飲料專用開瓶器
6. 軟木塞開瓶器：專業級調酒師一般使用槓桿型拔塞鑽
7. 調酒棒：用來攪拌雞尾酒或雞尾酒尾酒裡砂糖水果果肉的棒狀器具

8. 榨汁器：柑橘類的檸檬、柳橙、萊姆或葡萄柚等新鮮水果榨汁時使用的器具。
9. 酒嘴(Pourer)：插在打開瓶蓋的瓶口裏的附加瓶嘴，可以控制流出的液體量，使用前要清洗以保持乾淨。
10. 賓治酒缸：玻璃材質，用來調製容量大的混合飲料的容器。
11. 杯墊：墊在玻璃杯下面的墊子，一般須選擇吸水性強的杯墊。
12. 去果核器：用來去除蘋果或梨子的果核
13. 挖果球勺：挖取各種水果等用途

四、各式酒杯

依照酒類的不同，裝乘的酒杯也不同。如白蘭地杯矮腳且肚大口小，每次只倒約 1 盎斯在杯中，利於以掌溫溫酒；威士忌杯是無杯腳且杯口大，杯身厚實，可加冰塊或加水。詳細各式酒杯如表 8-3 所示：

表8-3　各式酒杯

可林杯 (Collins)	高飛球杯 (Highball)	古典酒杯 (Old Fashioned)	香甜酒杯 (Liqueur) （利口杯）
容量：360ml 常用於飲用含有碳酸飲料或是以 Collins 命名的雞尾酒。如 Planter's Punch 拓荒者賓治或 Captain Collins 領航者可林等調酒。	容量：240ml、300ml 一般常見的水杯，適合用於威士忌或琴酒與碳酸飲料調配的混合酒。如 Gin Fizz 琴費士或 Tequila Sunrise 特吉拉日出調酒使用。	容量：240ml 又稱 Rock 杯，杯底厚實而外型圓胖。常用在喝威士忌或其他烈酒時，如 White Stinger 白醉漢或 Kamikaze 神風特攻隊等調酒。	容量：30ml 直接飲用利口酒時使用，外型矮小，底部有短握柄，上方呈圓直狀，適合盛裝加有香甜酒或利口酒的混合酒。如 Pousse Café 普施咖啡。
	240 ml　　300 ml		
酸酒杯 (Sour Glass)	愛爾蘭咖啡杯 (Irish Coffee Glass)	馬丁尼杯 (Martini)	雞尾酒杯 (Cocktail)
容量：140ml 常用來盛裝加有檸檬汁等酸性飲料的混合酒。	容量：240ml 愛爾蘭咖啡其實是雞尾酒，不像其他調酒有替代的酒杯或公用杯，它只有專屬愛爾蘭咖啡使用。	容量：90ml 馬丁尼是雞尾酒之王，而裝盛馬丁尼的馬丁尼杯可說是象徵雞尾酒的圖騰，倒三角的獨特造型也成為雞尾酒杯的代名詞，如 Manhattan 曼哈頓調酒使用。	容量：125ml Golden Dream 金色夢幻或 Pink Lady 粉紅佳人等調酒使用。

（續下頁）

（承上頁）

烈酒杯 (Shot)	香檳杯 (Champagne Saucer)	高腳香檳杯 (Champagne Flute)	白酒杯 (White Wine Glass)
容量：30ml、60ml 烈酒杯又稱為 Shot 杯，通常用於品飲烈酒，如 B-52Shot 轟炸機。	容量：150ml 以香檳或氣泡酒為基底的調酒，選用香檳杯等狹長的杯身如 Mimosa 含羞草。	容量：6oz 笛型香檳杯是喝香檳或氣泡葡萄酒時使用，杯身細長而杯口狹窄，使得酒與空氣接觸面較小，能使氣體不易散失。	容量：130ml 肚大口小又矮腳，每次只倒約一盎斯在杯中，飲用時置於手掌，以手掌的體溫來溫酒，喝酒時先輕晃酒杯，再聞酒香，然後淺酌細品。
高腳杯 (Goblet)	啤酒杯 (Pilsner Glass)	平底杯 (Tumbler)	葡萄酒酒杯 (Wine)
容量：300ml 喝啤酒或非酒精性飲料，會加很多冰塊的雞尾酒所使用杯。	容量：10 oz 杯身呈長的倒三角形，底部有極短的握柄，可以欣賞啤酒的色澤與泡沫。通常口大身長，方便豪飲。	容量：250ml 一般俗稱的杯子 (cup)，主要是高球雞尾酒或琴湯尼等飲酒時間較長的飲料所用的酒杯。	容量：215ml 示意圖是標準型，但會隨各國、各地的風俗不同，形狀與大小也較多樣化。

（續下頁）

（承上頁）

大雞尾酒杯 (Cocktail Large)	瑪格麗特杯 (Margarita)	托地杯 (Toddy)	炫風杯 (Hurricane)
容量：180ml 如 Mint Frappe 薄荷芙萊蓓。	容量：200ml 又稱為飛碟杯，它的名稱來自於有名的經典調酒：瑪格麗特 (Margarita)，飛碟杯杯口大可擺放湯匙或吸管。	容量：240ml 如 Hot Toddy 熱托地或 Negus 尼加斯調酒使用。	容量：430ml 如 Banana Batida 香蕉巴迪達調酒使用。
威士忌酒杯 (Whisky)	白蘭地酒杯 (Brandy)		
容量：30ml、60ml 又稱為 Rock Glass，喝「on the rocks」型態的雞尾酒酒杯。	容量：240ml、300ml 直接飲用白蘭地時所用的酒杯，杯口較窄，可防止香氣跑掉。		

8-2　吧檯標準作業流程

　　吧檯調酒員站在第一線與顧客接觸，身兼製作與服務，所有製作過程都直接呈現在顧客面前，因此，作業時要更加謹慎細心，動作要優美。酒吧的氛圍讓人輕鬆，尤其在酒精效應下，調酒員的立場，與顧客接觸態度應對須謹守本分，任何言詞與態度都應合宜，不可輕挑無禮。此外，為維護酒吧與顧客安全，應隨時留意現場狀況，以作適當應變處理，這是吧檯人員基本訓練之一，若發現顧客有飲酒過量或不合宜情況，要主動代為叫車並注意後續安全。

一、吧檯作業流程

（一）開店前準備

1. 確認前一天所訂的酒或副材料是否已經進貨。
2. 進行盤點。
3. 清潔整理吧檯，酒架上酒瓶需每天擦拭，並分類依序排列，酒標朝前。
4. 調酒器具整齊排列於工作檯上，玻璃杯需分類排列整齊，杯子朝上擺放。
5. 將砧板洗淨，水果刀磨光，冰箱整理。
6. 補充常用基酒、配料，擺放位置應固定以方便拿取。
7. 檢查補充備品。
8. 檢查裝飾用水果類、橄欖、櫻桃等採買擺放妥善。
9. 檢查蘇打槍級生啤酒供應系統。
10. 檢視製冰機是否運作正常，填充冰塊置於除冰槽中。

（二）營業中服務

1. 親切熱情迎接顧客，並隨時保持微笑。
2. 正確讀取客人所點的酒並紀錄。
3. 依據酒譜正確調製各式飲料。
4. 瞭解客人習性並推薦適當酒類。
5. 注意食品的衛生安全。
6. 利用空檔隨時整理吧檯、清潔杯器皿。
7. 使用過的器皿清潔完後立即歸位。
8. 隨時留意酒吧內人事物，隨時應變，以維護店內安全。

（續下頁）

（承上頁）

9. 進行Last Call，打烊前15分鐘要主動提醒客人最後點單，並整理帳單準備結帳。

10. 營業中不得作與工作無關的事情。

11. 結帳時應與顧客核對帳單上的品項與金額是否正確。

危機應變處理

1. 營業時間突然發生停電時，應安撫顧客，切勿慌張。

2. 當顧客反應飲料中有異物時，對顧客道歉後，立即再重新製作。

3. 若聽到火警的警鈴響起，第一時間要關掉瓦斯開關。

4. 當發現顧客遺漏東西時要原封不動，告知主管並立即衝出，尋找顧客。

5. 當發現顧客酒醉昏迷不醒時，請鄰近警員協助處理。

（三）善後作業

1. 確實的清理吧台並歸位用具。

2. 清洗並擦拭杯皿，清理裝飾物。

3. 收拾消耗品剩餘瓶裝及罐裝飲料。

4. 處理日報表：統計每日單杯及整瓶銷售統計表。

5. 填寫耗損及破損紀錄表。

6. 內部轉帳(Inter–TransferForm)。

7. 盤點物料並填寫盤存表(InventoryStatement)。

8. 開領料單-補充存貨(RequesitionForm)。

9. 設備與器材的正確貯藏。

10. 關閉電器用品電源及水電瓦斯安全檢查。

11. 處理垃圾、廚餘及水的分類。

二、相關技術操作

　　清洗酒杯看似簡單，但要徹底清洗乾淨還是須掌握操作要領，波士頓搖酒器與吧叉匙的操作過程中除了每一步驟的正確性外，更需注意姿勢優雅與安全性。

（一）酒杯清洗的方法

1 先用清水沖去酒杯殘留物

2 手握緊酒杯，另一隻手拿著浸泡清潔液的海綿。

3 從裡向外擦洗，仔細擦洗酒杯邊緣，及杯身外部的手指印。

4 放入第 1 盆溫水中清洗，或用溫水沖乾淨。

5 再將酒杯放入第 2 盆清水中過濾，沖洗乾淨。

6 最後，一手將酒杯擦拭布包住杯腳握緊。

7 另一手用酒杯擦拭布擦乾杯緣水跡及指印

8 繼續擦乾杯中水跡及指印

9 一手握住後換包住杯腳的一邊，換擦杯子的底部。

（二）波士頓搖酒器 (Boston Shaker) 使用步驟

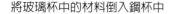

1 將玻璃杯中的材料倒入鋼杯中

2 將玻璃杯傾斜套入鋼杯中，用力扣緊。

3 左手手指持鋼杯底部，右手大拇指壓住玻璃杯底部，或握住玻璃杯交界處。。

4 上下搖盪至結霜	**5** 鋼杯在下，以手掌輕敲鋼杯側邊，使鋼杯和內杯分開。	**6** 取下內杯（調酒杯）

7 以隔冰器套上鋼杯杯口	**8** 搖盪均勻之將雞尾酒濾入杯中

（三）吧叉匙操作法

1 以拇指和食指握住靠近叉子地方	**2** 中指和無名指夾在中間螺旋狀處	**3** 以拇指和食指為支點

4 攪拌時讓匙背緊靠住杯壁，中指和無名指控制吧叉匙	**5** 讓螺紋體在無名指背和中指腹間旋轉	**6** 以順時針和逆時針方式搖動

8-3　裝飾物製作

　　裝飾與點綴雞尾酒，需要有色彩與美學概念才能讓一杯調酒達到賞心悅目的境界；在製作上盡量避免食材上的浪費；時間方面則不要等客人點酒了才準備裝飾物，最好可先預估一天的用量，然後在開吧營業前就準備齊全，用容器裝著，覆上保鮮膜，放進冰櫃冷藏，在製作裝飾物上有幾個原則可遵循：

一、裝飾物製作原則

（一）水果裝飾類

　　有時簡單的一片水果放在杯邊即可達到畫龍點睛之妙（圖 8-3）。水果要選那些結實、皮薄、完好、最好未經「打蠟」的水果，如柳橙、檸檬、萊姆、鳳梨、櫻桃、黑醋栗、蘋果等，一定要先將水果洗淨，而且要必備一把鋒利的削皮刀。應用水果的裝飾物如螺旋型檸檬皮、檸檬蝴蝶結、半切片半螺旋的橙和青檸，挖有溝紋的鮮橙，檸檬和青檸「車輪」片等（圖 8-4）。

　　以柳橙汁為材料的雞尾酒就以柳橙片裝飾，材料與裝飾材料力求協調，才能突出雞尾酒原有口味。華麗風格的雞尾酒（例如熱帶風情雞尾酒）所用的裝飾物水果，最後噴點帶有香味的酒液（如蘭姆酒）不僅能讓色澤更美，當客人拿起酒杯就會聞到這股香味，更令人心曠神怡，也提高這杯酒的價值。

圖8-4　利用螺旋型檸檬皮的酒

圖8-3　有時簡單的一片水果放在杯邊即可達到畫龍點睛之妙

圖8-5　可以以草莓做裝飾　　圖8-6　薄荷(Mint)葉甜香綠薄荷的裝飾

圖8-7　雞尾酒叉

圖8-8　特殊型狀的裝飾物

圖8-9　吸管也可以當成裝飾物

（二）花草、香料飾物類

將植物的花和葉製成飲料調酒的裝飾物，如最天然美麗又簡單的一朵蘭花或玫瑰花，可將花瓣放在飲品上面，或以草莓等水果來做裝飾（圖8-5），用鳳梨片的時候也一樣，鳳梨葉的特別形狀能使裝飾物生色不少。

薄荷 (Mint) 葉甜香綠薄荷大多裝飾用（圖 8-6），還有豆蔻，市面上也有荳蔻粉販售，但香味容易流失，最好買全荳蔻，要用時再搗成粉即可，較能保持香味的鮮度；也可以使用肉桂或丁香。

（三）吸管、調酒棒、雞尾酒叉

除了水果、花草、香料等，也可以使用吸管、調酒棒、雞尾酒叉來做裝飾（圖 8-7～圖 8-9）。

雞尾酒叉在裝飾物製作上非常好用，效果也不錯，雞尾酒叉可插在橄欖或櫻桃上作裝飾（圖 8-10），調酒棒和吸管更是可創意搭配（圖 8-11）。

圖8-10　雞尾酒叉可插在櫻桃上作裝飾　　圖8-11　調酒棒也可以做創意搭配

（四）鹽（糖）口杯

製作鹽口杯時，先倒一些食鹽在一個較杯直徑大的碟或碗中，以檸檬片抹杯緣後，緊握倒轉的酒杯，使鹽均勻的黏在杯邊。例如：糖口杯（用柳橙片抹杯緣）。

二、裝飾物的操作與刀法示範

1. 切(Cut)

應用於飲料中在凸顯蘋果梨子等較脆水果的口感。

蘋果塔切法：2.5到3公分，外寬內漸薄，必須切5層。

2. 切片(Slice)

主要用途是為了在一口喝下烈酒後，能消除強烈的味道而使用。

作法：

(1) 先將檸檬洗淨後，切去蒂頭。

(2) 切成薄片。

(3) 在檸檬片的果肉和果皮之間切一刀，但上部要留一部分。

(4) 掛在杯口邊緣上。

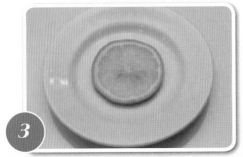

3. 切角(Wedge)

(1) 切去蒂頭。

(2) 將檸檬縱切成8塊，取1/8。

(3) 從果肉內側斜切一刀，或果皮與果肉間切一刀，然後掛於杯口。

4. 削皮(Peel)

製作檸檬皮與噴皮油的方法：

(1) 取一檸檬角，將果肉和果皮切分開來。

(2) 將果皮修成寬約1公分，長約5公分長條狀。

(3) 切除果皮白色部分。

(4) 以拇指和食指將檸檬皮壓成弓形，朝杯子邊緣擠油。

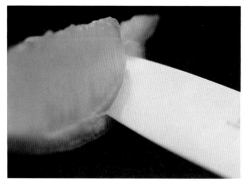

5. 螺旋狀檸檬皮(Lemon Spiral)

(1) 用削皮刀沿著檸檬外皮，以繞圈方式將檸檬皮呈螺旋狀削下。

(2) 一頭掛在杯緣，其餘螺旋狀垂向底部。

juice, tea, coffee

實體酒吧介紹

　　酒吧的英文是BAR或是PUB，顧名思義，酒吧是現代人經常休閒放鬆的社交娛樂場所，也是除了喝酒聊天外還可玩點小遊戲的地方。酒吧文化的起源自50、60年代美國駐軍所留下的休閒文化，從撞球、射飛鏢等美式酒吧，一直演變到80年代的迪斯可(Disco)舞廳文化，甚至到近幾年流行的系列酒吧及美食餐廳。根據經營型態大約可分為餐酒館、飯店附設酒吧、PUB、夜店、LOUNGE、LIVE HOUSE及運動酒吧等幾種類型，本章將分別介紹。

　　夜店基本上跟酒吧一樣，近幾年，台北夜店的分流也愈來愈清楚，台灣各大都會區的夜店，正處於前所未有、百花齊放的榮景，社會形象也正在改觀中。台北是台灣夜店最多元的城市，幾乎世界各國大都市可以找得到的夜店形式，在台北也統統找得到。台灣的夜店除了愈來愈受到上班族青睞，也呈現「國際潮流零時差」與「北、中、南城市分流」的兩股趨勢。

學習重點

1. 認識餐酒館、飯店附設酒吧的面貌。
2. 瞭解PUB、夜店有何不同。
3. 分別瞭解LIVE HOUSE、運動酒吧的內涵。

圖9-1 Miss Strega Cafe&Bar女巫咖啡酒吧
女巫咖啡酒吧主要特色以推廣獨家代理的STREGA系列利口酒為目標,搭配的餐點及下午茶非常實惠

 # 9-1　餐酒館

　　餐酒館最明顯的就是擁有一整排藏酒櫃或酒窖,提供餐點與調酒的餐廳,並有專業的飲調師或調酒師負責提供侍酒服務及調製雞尾酒,每家因餐點定位與客層對象不同而有法式、西班牙或義法餐酒館,也有以推廣所代理的酒款而成立的實驗餐酒館。餐酒館的空間通常比較混搭時尚、摩登繽紛,氛圍較輕鬆;餐點大都以年輕人喜歡的沙拉、輕食為主,也有少部分燉飯或牛排、雞腿等主菜。

　　Miss Strega Cafe&Bar 女巫咖啡酒吧為一家融合義式咖啡、輕食、簡餐等而成的複合式餐坊,小小的空間設計走復古懷舊又低調奢華的義大利南方風情,讓人倍感溫馨(圖9-1)。白天是一間義法餐館和下午茶餐廳,到了晚上則搖身一變成為一間酒吧,可以享受香醇可口的STREGA 系列調酒。

　　位於捷運忠孝復興站附近的巷弄中的「Indulge 實驗創新餐酒館」,由三次世界調酒冠軍 Aki 和國際星廚 Sam 聯手於 2010 年創立,在 Indulge 店內一隅擺放許多 Aki Wang 多次獲得世界調酒大賽冠軍的獎盃、獎座等。店內特色為將台灣當季新鮮食材與歐陸料理、調酒作結合,提供季節性歐陸料理,及各式新穎驚艷的酒款與雞尾酒。開放式的廚房可以直接看到內場烹調食物的畫面,地下室為獨立 VIP 包廂及恆溫恆濕私人酒窖,愛品酒的常客通常會直接寄酒在這兒(圖 9-2)。

圖9-2 在Indulge店裏用餐或喝調酒都可欣賞到調酒冠軍Aki精湛的調酒手藝,不論是shake、攪拌、或是各種倒酒的動作,姿勢都相當優美

圖9-3　喜來登飯店的附設酒吧，也提供夜間現場樂團演奏，悠揚浪漫的樂音及歌聲讓人進入一場極致美好的感官饗宴招牌牛肉麵很受歡迎

9-2　飯店附設酒吧

大部分的國際酒店、觀光飯店都設有酒吧 (Bar)，與一般 Pub 不同的是它主要客戶多以飯店商務人士居多。有的酒吧走國際風格，使外國人士有家鄉的感覺；有的是較為輕鬆簡單的風格以求大眾口味。酒吧常伴以輕鬆愉快的音樂調節氣氛，通常供應含酒精的飲料，也備有汽水、果汁以提供不善飲酒的客人服務（圖 9-3）。

飯店附設的酒吧通常裝潢高雅，在營造的空間內搭配特調飲品與簡餐，使客人能夠輕鬆愉快地品嚐各種飲料，或提供豐富精采的各式調酒、鮮果冰沙、風味凍飲及各式中、西單點美食，提供洽公、聚會時不可錯過的美味小點（圖 9-4）。

圖9-4　喜來登飯店的附設酒吧，有各種飲料、豐富精采的調酒供選擇

而位於台北信義區的 W Hotel 有 3 家主題酒吧，10 樓的 Woobar 是新穎的潮流酒吧，白天是洽公、談心的最佳去處，晚上則搖身一變，成為極具風格、炫目迷人的時尚酒吧，有知名 DJ 播放魔力音樂，更以各式特色調酒聞名（圖 9-5）；泳池旁的 Wet Bar，搭上綠意生態牆與戶外壁爐，變成了露天泳池和池畔酒吧，提供基本飲品給客人享用（圖 9-6）。另外 31 樓紫豔中餐廳的紫豔酒吧，擁有絕佳視野可以欣賞 101 美景，為高雅成熟的 Whisky Bar，更收藏有 88 種品牌的 Whisky。

圖9-5　W Hotel十樓櫃檯旁的Woobar，白天是洽公、談心的最佳去處，晚上則搖身一變成為新穎的潮流酒吧

圖9-6　W Hotel十樓泳池旁的Wet Bar，搭上綠意生態牆與戶外壁爐，是露天泳池和池畔酒吧的一種

9-3　PUB

　　PUB 通常結合現場演奏表演、調酒 Bar 及用餐聚會的場所，如位在京華城 11 樓的「China Pa 中國父音樂餐廳」就非常特別，餐點與調酒都以歷史命名（圖 9-7）。

　　中國父 China Pa 音樂餐廳是一間非常具主題特色的現場演奏餐廳，以傳統文化的精隨及融合現代口味的藝術理念，設計新中華料理，不僅具創意口味也不含糊；飲料部分則網羅台灣小米酒、香檳、純麥威士忌等，茶也是一大特色，平均消費價位較高，所以客層大都為上班族及中年人（圖 9-8）。

　　位於台北小巨蛋對面地下室的異塵 Cellar Lounge Bar，是一家老字號的 Pub，這裡的餐點種類很多樣，口味也很多元，一進門就可看到一座長達 12 尺的大吧檯，結合日式都會風格，經常吸引很多日本客人（圖 9-9）。大塊的透明玻璃櫥，可看到滿滿的熟客的寄酒在這裡，店家的酒窖也收藏有各種不同產區的紅酒白酒（圖 9-10）。

圖9-7　焚書坑儒調酒

圖9-8　中國父China Pa音樂餐廳，推開厚重大門後以青銅鑄的始皇帝和一尊尊兵馬俑布置，濃濃的中國味彷彿走進時光隧道

圖9-9　一進到異塵Cellar Lounge Bar，即可看到一座長達12尺的吧檯

圖9-10　異塵Cellar Lounge Bar的酒窖收藏有各種不同產區的紅、白酒

9-4　夜店俱樂部

　　人氣夜店不僅表演內容豐富，各項調酒和硬體設施都極盡引人入勝。目前在台北最流行的夜店俱樂部，大約有在台北101金融大樓地下室的 Mint、東區統領樓上的 Luxy，和 2013 年 5 月新加入戰場位於信義區的 M Taipei。

　　Luxy 為亞洲營運規模最大的夜店之一，營運超過 10 年，長期邀請國內外頂尖藝人現場演出，對於台灣的夜間娛樂產業有著革命性的影響（圖 9-11）。Luxy 占地千坪、挑高 10 米，浮華卻不失精緻的裝潢，以及尊重個人隱私的貴賓式規劃，搭配金獎主廚所精心調配的美味佳餚和吧台團隊。整個 luxy 分為 3 大主題，每一個舞廳都有不同的設計基調：復古華麗加上 hip pop 音樂的 gallera 廳、電音配上泡泡糖感覺的 lotus B 廳，還有呈現皮沙發營造出慵懶感受的 cigar 廳，迥然不同的裝潢設計與多元化的音樂是

圖9-11　Luxy夜店的華麗景緻

圖9-12　Myst night club有全亞洲唯一瀑布水幕造景，空間設計極為奢華

luxy 的最大特色,為了營造高潮,Luxy 在午夜 12 點通常還會安排噴火秀來點燃夜晚的熱情(Luxy 不敵信義區夜店群聚,已於 2015 年 3 月宣告謝幕)。

位在台北 101 金融大樓地下室的 Mint,因為籃球之神喬丹來台北除飯店外,待最久的地方就是這個裝潢復古華麗的 lounge bar 而聲名大噪。Mint 每一間獨具特色的包廂設計,可讓講求隱私的客人得到完全的自主性。Mint 最為特別的地方就是 Mint 的女廁,也設計了真皮的沙發與四周環繞的鏡子,滿足女性顧客休閒與愛美的享受。

另一家 Myst night club 位於 ATT 4 FUN 百貨 9 樓,面對台北 101 視野極佳的全露天景觀,全亞洲唯一瀑布水幕造景,空間設計極為奢華,消費較高,有包廂和吧台以及舞池,通常來這家的客人大都屬外國人最多(圖 9-12)。

9-5 Live House

在英國利物浦有一家小小的 PUB,因為 Beatles 的駐唱而聲名大噪、舉世聞名,並成為著名的觀光景點。而 20 年前,在台北安和路上的 EZ-5 PUB 也因為黃小琥、彭佳慧、康康、辛隆、趙傳等歌手駐唱,吸引喜愛聽搖滾樂的觀眾有一個休閒去處,更讓獨立樂團有伸展表演的舞台。當時每天晚上熱鬧滾滾的現場表演及台上和台下的歡樂氣氛,也成為非常知名的指標和永遠的記憶(圖 9-13)。

圖9-13 EZ-5 Live House是台北市歷史最久也是最知名的Live house

EZ-5 轉眼已超過 20 周年,當時每天晚上熱鬧滾滾的現場表演以及台上和台下的歡樂氣氛也成為非常知名的指標和永遠記憶,讓喜愛聽搖滾樂的觀眾有一個休閒去處,更讓獨立樂團有伸展表演的舞台(圖 9-14)。目前駐唱的歌手還包括有台灣電視歌唱選秀節目《超級星光大道》出道的賴銘偉、林芯儀、張心傑,葉瑋庭等實力派唱將。

號稱擁有小巨蛋等級舞台的 Amigo Live House,以華麗的暗紅色調、全新的裝潢挑高 7 米讓視覺效果極好(圖 9-15),寬敞的空間設計環境、極佳的視覺效果和專業的燈光音響設備,

圖9-14 EZ-5熱鬧滾滾的現場表演以及台上和台下的歡樂氣氛為知名指標

圖9-15　Aimgo Live House

擁有號稱小巨蛋的舞台，每週有 12 位實力派歌手演出（圖 9-16）。HOUSE BAND 專業樂手老師，Amigo Live House 重現現場演唱的熱鬧記憶，也提供各國進口的生啤酒及洋酒，是聚餐、宴會、派對或活動包場的多元場所，吸引許多上班族，下班放鬆的好去處。

圖9-16　Amigo Live House每週會有12位實力派歌手演出

9-6　運動酒吧

　　運動酒吧必須具備超大螢幕或投影設備，還有讓三五好友相聚觀賽的狂歡氣氛，加上啤酒、飲品痛快暢飲等 3 大元素，讓嗜好賽事的運動迷享用美食之餘，也能同步掌握精彩賽事。

　　位在安和路二段的 Carnegie's 卡奈基餐廳，提供 240 吋的超大螢幕及 4 個小螢幕，讓聚集在這裡觀看運動賽事的人都可看得過癮！（圖 9-17）挑高的建築和英式搖滾的風格，吸引不少外國人慕名而來，加上店內直頂天花板的巨型酒櫃，更是台北罕見（圖 9-18）。諾大的酒櫃，光是酒櫃上蒐集的酒，就多達 300 多種。原木做成、堅固的長形吧台不但寬敞舒適，入夜後隨著節奏澎湃的音樂點燃熱情，民眾還可跳上吧台熱舞狂歡。

　　Carnegie's 卡奈基餐廳全天供應傳統英式、美式、義大利、墨西哥、印度、印尼等經典

圖9-17　Carnegie's卡奈基餐廳提供240吋的超大螢幕及4個小螢幕

圖9-18　Carnegie's卡奈基餐廳

餐點，物料新鮮而且份量物超所值，道地的印度咖哩更廣受印籍商務客人必點，而各大五星級的飯店主廚更是Carnegie's卡奈基餐廳的常客。

　而台北相當知名的老字號運動酒吧：銅猴子餐廳The Brass Monkey，則是家美式風格的運動酒吧，由一群旅居台灣的外國人士共同經營，當有重要運動賽事時，無論是F1賽車、棒球、英式橄欖球、足球等，銅猴子餐廳就會在最佳位置架設大螢幕，透過投影電視現場直播。例如歐洲盃世足賽期間，這裡半夜便會擠滿人潮，聚集很多老外及看球賽的人，一邊喝啤酒吃點心，一起吶喊為球隊加油，店家還精心製作完整賽程表供球迷免費索取。店裡充滿異國風情，有啤酒有美食、有大螢幕，還有聊不完的運動話題（圖9-19、圖9-20）。

圖9-19　銅猴子餐廳現場提供超大螢幕電視，轉播各國運動賽事

圖9-20　銅猴子餐廳內附設撞球桌

酒吧的經營管理

　　酒吧的經營管理甚具挑戰，除了要選好地點，確立酒吧經營模式與風格特色外，營運方面還包括酒吧的組織、酒單籌劃與酒水定價、日常營業服務流程、原料採購與進貨、銷售儲藏、成本控制和財務管理等。本章將從經營觀點說明酒吧的類型及經營特色、分析酒吧的酒水品項、如何設計一份完整的酒單、在一年中的重要節日規劃行銷活動，並從酒吧的組織及工作職掌方面，讓有志從事吧台工作的新鮮人或管理者有深入的了解。

學習重點

1. 認識酒吧的型態與經營特色。
2. 學習酒吧的商品內容與企劃宣傳。
3. 掌握酒單設計的訣竅。
4. 從酒吧的組織及工作職掌瞭解職場需求。

10-1　酒吧型態與經營觀點

　　酒吧型態林林總總，各有各的市場區隔和客群，有複合式酒吧、主題式酒吧或英式風格酒吧等。

一、台北的酒吧分類

　　不同經營型態的酒吧有不同的經營規模大小，資本額從 50 萬到 1000 萬以上不等。以台北市的酒吧為例，酒吧都群聚在特定區域，如信義計畫區、忠孝東路延吉街、光復南路或安和路一帶。主題特色有以音樂為主，如 EZ5、CHINA PA 等酒吧；或走都會時尚風格的酒吧 BACCO Room18；以現場表演風格聞名的 EZ-5、Amigo Live House；以運動風格為主的卡奈基餐廳、銅猴子餐廳等，最後還有本書作者閻寶蓉在台北京華城 12 樓為 5、6 年級生量身訂做的「女狼俱樂部酒吧」，該酒吧曾以樂團秀及表演秀風靡一時（原址已改為 Amigo Live House）（圖 10-1），台北酒吧的詳細分類如表 10-1 所示。

圖10-1　本書作者閻寶蓉曾經營的女狼俱樂部酒吧，曾以樂團秀及表演秀風靡一時

表10-1　台北的酒吧分類

類型	資本額	地點
Talking Bar（聊天酒吧）	約 50 萬	以忠孝東路延吉街、光復南路、雙城街、林森北路一帶為主
Lounge Bar（高級酒吧）	約 200 萬	以安和路、南京東路、大安路一帶為主，如 Fantasy、異塵、China White
Music Bar（音樂酒吧）	500 萬以上	敦化、信義區
Sport Bar（運動酒吧）	100 萬以上	卡奈基餐廳 Carnegie's、銅猴子餐廳 The Brass Monkey、卡邦餐廳、Hooters
Piano Bar（鋼琴酒吧）	800 萬以上	真愛珍愛、百老匯、Sex&City、雙月
Disco Bar, Night Club（時尚夜店）	1000 萬以上	Luxy、Room18、sparkle 信義區、Barcode、Myst night club
Live House（現場表演風格酒吧）	1000 萬以上	Amigo Live House、EZ-5 Live House（圖 10-2）、China Pa、EZ Corner
all you can Drink Bar（暢飲吧）	1000 萬以上	Muse、Halo、Baby 18
Bistro（餐酒館）	600 萬以上	Miss Strega、Induge、喀佈貍、Ichi

二、市場分析

　　隨著都市化的發展，國人生活水平不斷的提高，加上周休二日的推動，人們越來越重視工作以外的休閒活動，透過大眾媒體的推波助瀾，社交名人或明星出入酒吧及夜店的新聞時有所聞，亦使一般人對於到酒吧或夜店消費的接受度更為提升，不管是時尚奢華的夜店首選 Spark 101，或在東區擁有高知名度、常吸引藝人及名流到場狂歡的 Room18，都常是人聲鼎沸，一位難求的狀態。

圖10-2　EZ-5 Live House屬於現場表演的風格酒吧

酒吧夜店崛起的原因有以下幾點：

1. **知識程度提高**：隨著國人知識程度提高，休閒觀念的提升與開放，下班後至酒吧及夜店消費，成為時髦消遣。

2. **對現況不滿足**：有些人對婚姻的狀況不滿、另一半外遇；或在事業上職場上的挫折和困境，多半會想去酒吧喝一杯或到夜店找一夜情。

3. **短暫的舒壓及慶祝**：酒吧有Band有調酒，是聚餐、宴會、派對或活動包場的多元場所，吸引許多上班族，下班放鬆的好去處，朋友相約慶生或慶祝升官。

4. **夜店可以滿足人對人際關係的小幻想**：酒精催化紓壓及放鬆心情，解脫工作壓力、交際應酬、不被白天自己的面具給束縛，遠見雜誌調查台灣寂寞人口達150萬人，大都會區生活頂客族人口逐漸上升。

5. **台灣開始出現第四級產業**：第四級產業就是讓消費者有幸福、親蜜、滿足、關懷，找到歸屬的產業（幸福產業或寂寞產業）。

三、經營觀點

1. 開店一定要有特色

每間酒吧都有自己的特色，從裝潢風格到常見的基本酒款與獨家口味，不盡相同。有的訴求調酒冠軍精湛的調酒手藝；有的主打從古典、爵士、搖滾、嘻哈流行等現場樂團表演，或是以空間取勝，視野佳可以欣

賞101美景、全亞洲唯一瀑布水幕造景；有也些酒吧專門提供多元美味餐點，吸引住年輕人的胃。

2. 讓客人上門的動機

 (1) 找熟人

 (2) 找朋友

 (3) 找音樂

 (4) 找醉

3. 維持服務品質

4. 提升調酒文化

5. 融入在音樂舞蹈及服務的氛圍中

四、經營特色

（一）出色的內部管理

  由於酒吧是相對特殊的服務行業，經營時間和規則有其相對的獨特性，到酒吧消費的客人一定要飲酒，在飲酒後人們的狀態和常態會有所不同，在這種情形下，服務生的待客之道和處理事情的原則就要適應酒吧工作的需要。

（二）良好的外部環境

  由於形形色色的消費者和酒吧經營的特殊性，酒吧經營者得有良好的社會關懷和人際關係；工作要化被動為主動，才能處理好一些突發事件，更有利於酒吧經營。

（三）經營成本控制

  任何一種生意都要保證盈利，開源節流是最有效的成本控制途徑，節流就是控制成本，要讓收支保持一個合適的比率，考慮酒吧需要多少服務生、調酒師、廚房工作人員等，同時，制定酒吧經營的工作制度。

（四）特色的服務

  客人來消費，就是要想接受酒吧的服務，不論是餐飲還是相關的娛樂項目，經營者都要有自己的「絕招」；例如相關軟硬體建設方面，主要是指相關的娛樂設施和餐飲衛生、消防等獨特要求。小酒吧是你的作品，你就是小酒吧的主人和創造者，如果開設一間小酒吧，就要充分享受創作的快樂。

 ## 10-2　企劃商品類型與宣傳操作

酒吧的商品類型大約可分為餐點、調酒 (Cocktail)、烈酒 (Gin Vodka、Rum、Tequila、House Whisky、Brandy)、佐餐酒、軟性飲料 (soft drink) 等。本節主要是介紹酒單飲品品項規劃。

一、酒單(Beverage List)品項規劃

酒單是餐廳及酒吧中銷售酒水的飲品清單，品項的規畫通常是根據酒吧規模及目標客層訂定的。全系列的酒單 (Full Beverage List)，包括水吧和酒吧，水吧包括軟性飲料、咖啡茶及果汁等；酒吧則包括開胃酒、佐餐酒及雞尾酒和烈酒等，如圖 10-3 所示。

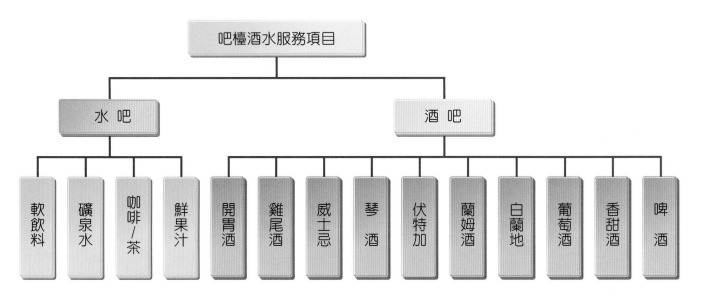

圖10-3　吧檯的酒水服務項目

二、宣傳操作

酒吧藉由宣傳行銷活動，來吸引不同類型的客源，如邀請著名的歌星、影星、體育明星、樂隊到酒吧演出，以吸引這些明星和個人的崇拜者；或在特定時間推出優惠活動，如 Happy Hour 星期一到星期五週間晚上 5 至 7 點買一送一；或淑女之夜、週三搖滾夜等。

（一）6 大節日宣傳促銷

在一年當中有 6 大節日是酒吧宣傳促銷的好機會，詳細如表 10-2 所示。

表10-2　適合酒吧宣傳促銷的6大節日

節日	時間	活動舉例
聖誕節	12/24	· 交換禮物 · 主題 party · SEXY SANTA PARTY（圖 10-4）
跨年	12/31	· 狂歡倒數（圖 10-5） · 跨年螢光派對 · 氣泡酒跨年倒數趴 · 頂級煙火露天派對
萬聖節	10/31	· 萬聖節變裝 Party · 萬聖節街頭派對
七夕情人節	07/07	· 曠男怨女搭起友誼橋樑 · 情人節甜蜜派對，情人節開瓶優惠 · 白色純情單身派對 · 限量情人節套餐 · Jazz night 情人節之夜
西洋情人節	02/14	· 情趣遊戲
週年慶	開幕日期	· 摸彩、促銷 · 會員卡銷售

圖10-4　The Brass Monkey聖誕節舉辦SEXY SANTA PARTY　　圖10-5　酒吧跨年派對是重要節日活動之一

（二）活動企劃

如邀請知名樂團表演、女狼秀（服務員＋吧檯）、夢幻女郎主題秀、猛男秀或花式調酒秀、DJ show、慶生會規畫等，包場活動：如私人聚會、公司活動、記者會或產品發表會等（圖10-6）。包場專案企劃－以「夢幻女郎旗艦店」爲例，提供：

1. 現場150人座位lounge沙發及80人座包廂
2. 動感炫彩燈光舞池
3. 重低音震撼音響
4. 絢麗舞台燈光
5. 供辣妹猛男表演鋼管吧
6. 夢幻女郎復古主題秀
7. DJ駐店播放音樂
8. 120吋高畫質單槍投影機及螢幕

圖10-6　酒吧活動企劃如公司私人包場活動

（三）網站規劃專案

依各家特色及定位不同，迎合網路族群需要，大致呈現內容如下：

1. 開店理念及特色
2. 地點及公佈相關
3. Event（促銷訊息）
4. 主題派對
5. 表演樂團
6. 現場秀-影音實況（影音瀏覽）
7. 線上訂位留言

8. 會員專區

9. 剪影花絮（活動照片張貼）

10. FB粉絲團、Twitter、微博

11. 列印優惠券

三、酒單設計及結構

　　飲料單 (Beverage List)，俗稱酒單，是餐廳及酒吧中銷售酒水的飲品清單，酒水品種，酒水應按照其特點進行分類，再按類別排列，並依照飲用習慣將酒水分為開胃酒、烈酒、雞尾酒、利口酒和軟性飲料等，每類酒水中規畫適當數量具有特色的內容。愈高級的酒吧其酒單分類愈細，規劃酒水種類時，應注意其味道、產地、級別、年限、價格的互補性，使酒單的每一種酒水都各具特色。完整的酒單內容大致包括下列 3 大要素：

1. **酒水品名及其密碼或代號：**一些酒單上會以代碼代替葡萄酒名稱，方便顧客點單和酒水管理。製作葡萄酒代碼，可以增加葡萄酒銷量。

2. **飲料特色介紹：**酒單上的介紹能讓客人了解其主要原料、口味、特色，並引導顧客在短時間完成酒水飲品的選擇，可提高服務效率，避免因不熟悉而躊躇遲遲不敢抉擇。

3. **價格及計價方式：**飲料的計價方式應詳細註明以免引起顧客爭議。如以「杯」計價、「瓶」或「1/2瓶」、以「公升」為單位計價等。一般銷售單位都標在價格右側，例如白蘭地、威士忌等烈酒，計價單位一般為一盎司(Z)；葡萄酒的銷售單位一般為杯(cup)、1/4瓶或半瓶、整瓶等。

（一）酒單規劃設計原則

　　美好的酒單設計內容完整、簡明扼要；印刷清楚、整潔美觀；定價合理、標價確實；設計美觀有吸引力，體現酒吧形象，便於顧客選擇酒水，從而提高銷售量，完整的酒單，除餐點外應包含的項目如下：

1. **調酒(Cocktail)**

2. **烈酒**

　　(1) 琴酒(Gin)

　　(2) 伏特加(Vodka)

　　(3) 蘭姆酒(Rum)

　　(4) 特吉拉(Tequila)

　　(5) 威士忌(Whisky)

　　(6) 白蘭地(Brandy)

3. 佐餐酒

(1) 葡萄酒酒單(Wine List)：葡萄酒酒單是法式餐廳或高級西餐廳全系列葡萄酒的產品目錄。編排有一定的順序，大都依酒款或依生產國分類，不同餐廳有不同呈現，但無論是哪種分類方式，葡萄酒單上每一支葡萄酒都會提供下列6項訊息：

① 編號(Item Code)：方便客人點單及服務。

② 葡萄酒名稱(Name)：需列出正確名稱。

③ 年份(Vintage)：相同產區不同年份的酒，其價格不同，因此酒單上需註明年份，無年份的酒則用「NV」表示。

④ 酒莊或產區：法國葡萄酒，產區或酒莊是非常重要的資訊。

⑤ 特色說明：酒單上的介紹能讓客人了解其主要原料、口味、特色，方便顧客在短時間完成酒水飲品的選擇。

⑥ 價格(Price)：計價方式如以「杯」或「瓶」或「1/2瓶」，應註明清楚以免引起顧客爭議。

(2) 利口酒（香甜酒）

(3) 啤酒

4. 軟性飲料(soft drink)：指可樂、雪碧、通寧水等。

5. 咖啡、茶、果汁等。

（二）酒單設計注意事項

1. 酒單外觀：
酒單封面與內頁圖案要精美，且需要反映酒吧經營風格，與酒吧的裝飾和氛圍相協調，封面要有酒吧名稱和標誌，色彩以典雅為要（圖10-7～圖10-9）

2. 尺寸和字體：
酒單尺寸和大小，要與酒吧銷售酒水品項多少相對應，一般為20公分×12公分長方形為主；酒單一般用中英文對照，字體印刷端正，方便客人在酒吧光線容易看清。

3. 紙張選擇：
一般而言，酒單印刷要從耐久性和美觀性兩方考慮，紙張要求有一定厚度，並具有防水防污特點。

4. 酒單頁數：一般為4至8頁。

5. 酒品排列：
一般順序按照人們選擇的習慣和順序排列酒水，通常將最受歡迎的貨店排序在凸出位置，如分類中最開頭。

6. 更換酒單：
當酒單的品名、數量或價格發生變化時，就需要更換酒單內容，且不能隨意塗去原來的項目或價格，一方便會破壞姐單的整體美觀，另一方面會給客人不好觀感，影響酒吧形象和聲譽。

一份製作精美的酒單就像是酒吧的廣告宣傳品，也是藝術品，不但可以提高用餐格調，更能反映酒吧的經營風格和氛圍，使客人對酒單內所列的飲品留下深刻印象。

圖10-7　酒單案例1

酒單的項目、種類、價格及質量等均能顯現企業的特色和水準，以留給客人良好和深刻的印象；也是酒吧採購酒水材料種類、數量、方式的依據。

　　酒單要根據酒吧經營方針的要求來設計，內容可引導顧客嘗試高利潤飲品，以增加酒吧的收入，實現營運目標。酒單也是管理人員分析酒吧飲品銷售狀況的參考，定期檢視並協助更換酒單種類、調製技術或飲品的促銷方式和定價方法。

圖10-8　酒單案例2

圖10-9　酒單案例3

（三）酒水採購及營業額損益預估

酒吧與一般餐廳不同的地方，就是對於酒進貨數量的掌控要更為精準。酒的進貨成本高，進貨量多少關乎現金的流動率，存貨一方面要保持在安全範圍內，讓客人想喝就有；另一方面也不能進太多，避免現金不足。還需根據經營的需要決定儲備量，儲備太多，不僅佔用了空間，還會增加損耗，所以科學化合理儲存才能將利潤最大化，而這些都需要經驗的累積。

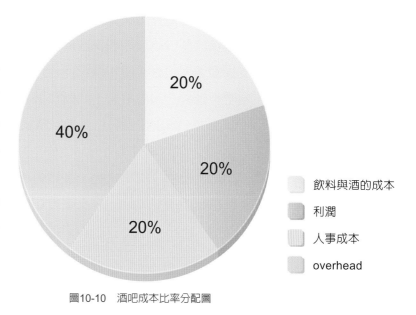

圖10-10 酒吧成本比率分配圖

「飲料與酒的成本」是酒吧業最主要的支出之一，占了 20%，人事費用占了 15 至 20%，營運管銷約占 40%，因此酒吧經營的成敗，也取決於有效的管理能力（圖 10-10）。

1. 採購

一個有效的系統會設定隨時必須保持的庫存量，這就是標準庫存量，如果現有的存量低於特定的基準點，電腦系統就會自動以事先設定好的數量來訂購某項材料。酒類與器具之安全存量雖可以透過電腦控制，了解這些貨品的數量，但也必須時刻注意酒類與飲料的保存期限（圖 10-11）。

圖10-11 一個有效的系統會設定隨時必須保持的庫存量（標準庫存量）

採購驗收領料須由專人負責，在決定採購人選時，最重要的是要將點貨與進貨人員之間的任務與責任分開，這樣才能避免可能的偷竊行為，避免這類損失最好的做法是由調酒師準備訂單，而由經理或其代理人來執行訂貨的動作，並由第 3 者與調酒師來共同負責貨品的進貨與儲存。

為了避免出現採購數量過多或過少而影響酒吧正常經營的情況，採購需特別注意採購周期和採購的數量，定期採購可以避免資金和貨品的積壓，而採購週期則應視銷售狀況而定。至於一次應採購多少才是合理數量？這是酒吧經營者必須思考的，判斷標準可以依據酒水銷售的淡旺季；或根據現有儲藏能力，最重要需評估企業財務狀況以確定採購數量。

2. 酒的驗收與儲存

酒類貨品到貨之後，需核對所有明細，如品名、數量、價格。並檢查瓶身瓶蓋、以確保品質，訂購整箱酒類飲料，一定要開箱檢查。驗收和採購工作應由不同的單位來負責，完成驗收工作後，應迅速放置到儲酒窖。

庫存管理是一個大學問，為維護物料庫存的安全，避免人為因素之產生，如偷竊、盜賣或食品腐敗造成損失，倉庫設計必須注意到溫度、溼度、防火、防滑以及防盜等措施。物品之管理，要加強盤點、檢查，以防短缺、腐敗發生，儲存管理也應注意將氣味重與釋放化學物質之物品隔離存放。

任何進出倉庫的貨品項目都需被詳細記載，如果能夠進入倉庫的人數不只一個人，若發生失竊時，相關的責任將難以釐清。貨品只有在經過專人正式簽名後，才能帶離倉庫。一家具備多年經驗的餐廳，會根據每天的需求量領料給廚房；食物製備區不能堆放任何的庫存品，人員不可以隨意進入倉庫；所有入庫貨品都應該加蓋日期章，並且依據先進新出的原則來管理貨品。

「先進先出」是一個簡單卻有效的存貨管理機制。此作法是將最新購入的貨品存放於先前購入的貨品之後，如果未能徹底遵循這個原則，可能會造成原料的腐壞與損失。餐廳對於倉庫應該保持嚴格控管、定期盤點以及計算食物、飲料與人事成本，使其維持在預算之內。嚴格控管是藉由訂貨以外的人來負責進貨的工作，這可以減少訂貨過量的情形產生。

老客人在酒吧寄存酒是一項潛規則，但若寄存制度不夠明確或條件改變，則很容易發生糾紛，就曾發生有消費者將一瓶未開封的伏特加寄存在某家酒吧店內，數個月後前往消費時，服務生竟告知寄酒期限已從半年改為 3 個月，他的酒已被「清掉」，結果一定是賠償及道歉收場，但也影響商家誠信。

因此為加強對酒吧的內控管理，也更加完善控制酒水寄存動向，以減少寄存酒水的混亂及帳面上的舞弊行為，酒吧需將寄存酒制度及流程規範清楚並明確讓客人知道，以免徒增糾紛。

10-3　組織架構及工作職掌

　　酒吧無論何種特色風格、規模大小都各異其趣,也各有其客群偏好者,但酒吧管理與運作,每個工作崗位和環節都有一套遵循的標準作業流程 (SOP),除了最主要的吧檯調酒服務外,還包括每日開店營業、交接與打烊工作,連接起營運的各項報表管理,現金與帳務管理,甚至於顧客意見及意外事件處理原則等。

　　因此凡是酒吧從業人員在掌握酒吧服務基本理論知識的同時,必須加強服務操作技能的練習,以熟練達到服務操作規範化和標準化。此外,酒吧管理必須透過教育訓練以提升員工素質及工作品質;並開發個人工作潛能,以體現酒吧服務及文化價值,使顧客真正體會到物有所值的享受。

一、酒吧組織架構與編制

　　酒吧根據規模及類型不同,組織編制也不一樣,一般酒吧由經理負責經營管理,下設主任一人,現場由領班及服務員負責,吧檯則由調酒師負責,調酒師及服務員人數依據酒吧規模大小而有不同(圖 10-12)。

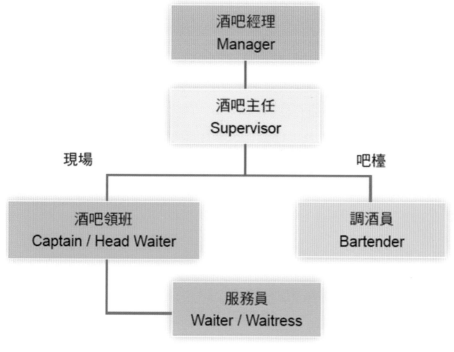

圖10-12　酒吧組織架構圖

二、工作職掌

調酒師的工作職掌，已在第 7 章詳細列出，本章不再贅述，僅詳述其他人的工作職掌如下：

（一）酒吧經理的工作職掌

1. 需具備的專業知識

(1) 具備餐飲行銷、餐飲服務、衛生安全、餐飲美學等相關知識。

(2) 具有良好的職業道德水準。

(3) 掌握酒吧各種飲品的原料及製作服務原則。

(4) 通曉飲品的特徵，並創造特色飲品。

(5) 具有酒吧現場經營組織與管理的知識與能力。

(6) 具有原料採購、訂價、制訂酒單、核算成本的知識和經驗。

(7) 掌握飲品的季節性變化及餐飲市場的發展趨勢。

(8) 熟悉酒吧的設計風格、環境布置原理。

2. 工作執掌

(1) 擬定並執行年度營運計畫、營業目標及銷售計畫。

(2) 瞭解酒吧業績、成本費用等，並會同財務部門擬定全年度預算。

(3) 充分瞭解並妥善管理酒吧的財產設備及餐具器皿。

(4) 分析每月的營運狀況，並掌握酒吧的客源層面及客戶來源。

(5) 提出酒吧的訓練計畫並督導訓練完成。

(6) 處理顧客抱怨及突發緊急事件。

(7) 主持酒吧例行會議督促執行。

(8) 維持良好的人際及工作關係，與相關單位協調溝通以利各項工作的推動。

(9) 營業前後檢查各項準備工作並於營業時段親駐現場。

(10)注意成本控制，並依顧客建議檢討改進。

(11)協助人事面談，並負責員工年度考核評議。

(12)確實督導執行危害分析與重要管制點(HACCP)制度。

(13)建立酒吧內部的管理規章及各項規定公布實施。

(14)遇天然災害意外時，主導應變措施並留守防災。

（二）酒吧主任

1. 需具備的專業知識

(1) 掌握酒吧各種飲品的原料及製作服務原則。

(2) 具有酒吧現場經營組織與管理的知識及能力。

(3) 具有原料採購、訂價、制訂酒單、核算成本的知識和經驗。

(4) 掌握飲品季節性變化及餐飲市場的發展趨勢。

(5) 熟悉酒吧採購、驗收、儲存、上架的控制。

(6) 熟悉酒吧及飲品所用的基本英文專業術語。

(7) 具有果雕的專業技能。

2. 工作職掌

(1) 經理休假時，代理其職務。

(2) 執行酒吧經理交辦的各項任務。

(3) 遵循並貫徹公司及部門政策。

(4) 轉達上級的命令並督導員工確實遵守。

(5) 管理酒吧的財產設備及餐具器皿。

(6) 分析每月的營運狀況，並掌握酒吧客源層面及客戶來源。

(7) 執行酒吧訓練計畫並督導訓練完成。

(8) 處理顧客抱怨及突發緊急事件。

(9) 營業前後檢查各項準備工作並於營業時段親駐現場。

(10)注意成本控制，依顧客建議檢討改進。

(11)配合部門彈性調派人力，並維持酒吧最佳運作。

(12)確實督導執行危害分析與重要管制點(HACCP)制度。

(13)建立酒吧內部管理規章及各項規定公布實施。

(14)遇天然災害意外時，主導應變措施並留守防災。

(15)將員工的工作表現，呈報主管作為員工績效評估的參考。

（三）吧檯領班

1. 需具備的專業知識

(1) 具有辨識酒品的知識。

(2) 具備良好的個人品質和職業道德。

(3) 熟悉各種雞尾酒的特徵與調製流程。

(4) 熟悉酒吧日常經營和管理知識。

(5) 熟悉咖啡、茶類飲品的專業知識。

(6) 熟悉酒吧採購、驗收、儲存、上架的控制。

(7) 熟悉酒吧及飲品所用的基本英文專業術語。

(8) 具有果雕的專業技能。

2. 工作執掌

(1) 主任休假時，代理其職務。

(2) 執行主任交辦的各項任務。

(3) 執行酒吧的各項安全規定與衛生檢查工作。

(4) 擔任酒吧人員每月例行會議的召集人。

(5) 負責排定酒吧人員的輪值表。

(6) 監督酒吧所有人員遵守公司的各項規定。

(7) 維持並控管酒吧內所有物料的安全存量及每日存貨狀況。

(8) 配合執行各項盤點工作。

(9) 對酒吧財產設備、餐具器皿等，充分瞭解並妥善管理。

(10) 於營業時間內要求服務人員服務項目、標準及注意顧客狀況。

(11) 處理各項顧客抱怨事件及突發緊急事件。

(12) 填寫每日工作日誌。

(13) 確保酒吧內每日酒帳的正確性，製作每日酒水報表

(14) 教導酒吧人員標準作業流程(SOP)，並督導其執行。

(15) 熟悉買單與結帳作業流程。

(16) 填寫各項轉帳單並呈送主管核示。

(17) 審核各項工程請修單，遇重大請修則經主管核示，追蹤修復工作。

(18) 參加部門或人事部門所安排的訓練課程。

(19) 培育所屬服務員的餐飲知識、服務技巧、消防安全、思考管理，並接受指示、命令。

(20) 報告、聯絡要商量的事項，提高服務品質、工作效率，以達到相同意識。

（四）服務員

1. 需具備的專業知識

(1) 具有良好的外語能力。

(2) 具備良好的素質和職業道德。

(3) 熟悉各種雞尾酒的基本知識與調製流程。

(4) 具有咖啡、茶類飲品的基本知識。

(5) 熟悉酒吧及飲品所用的基本英文專業術語。

(6) 熟悉各式器皿的使用方法。

(7) 熟悉各種酒品的服務方式。

2. 工作職掌

(1) 負責服務區域內的清潔與衛生。

(2) 服務顧客酒水、飲料、食物的運送。

(3) 熟悉各式器皿的正確使用方法。

(4) 注意顧客的反應與需求，隨時提供服務。

(5) 保持個人儀表的清潔與衛生。

(6) 熟悉酒吧內各項機器的操作及保養。

(7) 遇顧客抱怨或意見時，立即通知幹部或主管處理。

(8) 保持微笑、熱情、誠懇、有禮待人。

(9) 瞭解菜單內容並做適當的推薦與促銷。

(10) 遇顧客遺留物品，立即通知幹部或主管處理。

(11) 顧客離開後迅速收拾清理桌面。

(12) 補充各式所需的備品。

(13) 瞭解領貨補貨的程序。

(14) 擦拭清洗各式餐具杯類。

飲料調製
示範與實作

　　飲料調製最重視基本功，倒酒動作要快速穩健；斷酒則須乾淨俐落，養成正確的操作觀念與習慣，經過反覆練習，心領神會，以達到視覺味覺都臻完美的境地。飲料調製8法：讀秒自由注入法(Free pouring)、直接注入法(Build)、漂浮法(Float)、攪拌法(Stir)、搖盪法(Shake)、分層法(Layer)、電動攪拌法(Blend)、搗碎（壓榨）法(Muddle)等，是學習調酒的必要基本功夫和馬步。本章以圖文對照、拆解動作，詳細示範每一種調製法，除歸納同一種調製法的調酒外，更附上每道調酒的詳細配方，方便讀者在家反覆練習；章末整理的列表，以調製法分類雞尾酒Cocktail，容易查詢與前後對照。

學習重點

1. 瞭解配方與調製過程中的衛生安全。
2. 學習正確的操作觀念與習慣。
3. 重視成品的色澤、香味、形態與口感。

一、讀秒自由注入法 (Free pouring)

所有讀秒自由注入法 (Free pouring) 的飲料，都是以自由倒酒的方式處理，需要掌握速度感及穩定度和節奏感，及精確性等高度技巧。

圖11-1
讀秒自由注入法(Free pouring)事前準備

操作檯平面圖：1. 器皿區、材料區可相互調整位置。　2. 廚餘桶放置於垃圾桶左前方。　3. 抹布放置於夾層。

步驟

① 洗手

② 擦乾

③ 酒瓶裝上一個 Metal Pourer（鋼酒嘴）

④ 倒酒時，握住瓶頸位置，將酒樽完全反轉垂直，確保酒液以同一速度流出

⑤ 4 拍為 30 毫升，例如要倒出 30 毫升，則手握樽頸，反轉垂直，之後心算 1、2、3、4，然後斷酒

⑥ 45 毫升為 6 拍，心算 1、2、3、4、5、6，然後斷酒

⑦ 60 毫升為 8 拍，然後斷酒

貼心小叮嚀

1. 手指和酒嘴之間的接觸必須緊密，但要很輕鬆。
2. 酒嘴的氣孔必須暢通，才能保持流量的穩定和平順。
3. 倒酒時，酒瓶必須在吧檯檯面上很快速、穩健地傾倒。
4. 在停止倒酒時，斷酒動作必須乾淨、俐落，要精準且不留痕跡，瓶子必須快速地拿起來。

C9-1
Kir Royale 皇家基爾

材料

1. 15ml Crème de Cassis黑醋栗香甜酒
2. fill up with Champagne or Sparkling Wine Burt

   原味香檳或氣泡酒注至8分滿

杯器皿

Flute Glass 高腳香檳杯（冰杯）

（皆以杯皿容量 8 分滿計算）

準備工作

洗手 　　　擦乾 　　　冰杯

步驟

1 倒入 1/8 的黑醋栗香甜酒

2 倒入 7/8 的不甜白葡萄酒

3 置於杯墊即完成

貼心小叮嚀

注入法不必攪拌。

C1-5
Mint Frappe
薄荷芙萊蓓

材料

1. 45ml Green Crème de Menth
   綠薄荷香甜酒
2. 1 Cup Crush Ice碎冰1杯

裝飾物

1. Mint Leaves薄荷葉
2. Cherry紅櫻桃
3. 2 Shot Straw短吸管2支

杯器皿

Cocktail Glass 雞尾酒杯（大）

（不須冰杯）

C6-6
Mimosa
含羞草

材料

1. 1/2 Fresh Orange Juice新鮮柳橙汁
   （皆以杯皿容量8分滿計算）
2. 1/2 Champagne or Sparkling
   Wine(Brut)原味香檳或氣泡酒

杯器皿

Flute Glass 高腳香檳杯（需冰杯）

Tips

先倒 1/2 新鮮柳橙，後倒 1/2 原味香檳
氣泡酒。

C14-4
Bellini 貝利尼

材料

1. 15ml Peach Liqueur
   水蜜桃利口酒
2. fill up with Champagne or
   Sparkling Wine(Brut)原味香檳或
   氣泡酒注至8分滿

杯器皿

Flute Glass 高腳香檳杯（冰杯）

Tips

先倒 1/6 水蜜桃利口酒，再倒 5/6 原
味香檳或氣泡酒。

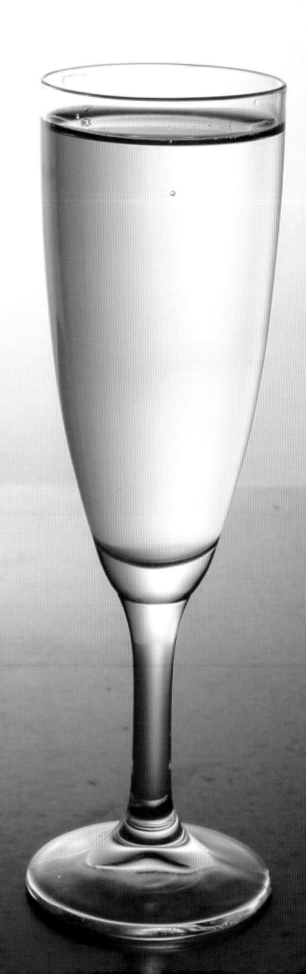

C17-4
Kir 基爾

材料

1. fill up with Dry White Wine
   不甜白葡萄酒注至8分滿
2. 10ml Crème de Cassis
   黑醋栗香甜酒

杯器皿

White Wine Glass 白葡萄酒杯

二、直接注入法 (Build)

這是最基本的一種調酒方法，直接將酒、果汁或蘇打飲料等材料注入裝有冰塊的酒杯中，用吧叉匙加以攪拌即可，事前準備如圖 11-2 所示。示範：以 C10-1 Screw Driver 螺絲起子為例。

圖11-2　直接注入法(Build)事前準備

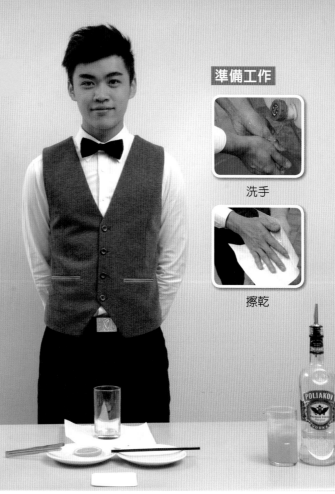

準備工作

洗手

擦乾

步驟

1

高飛球杯中放入冰塊 8 分滿

2

以 free pour 讀秒 6 拍（或用量酒器），將 45ml Vodka 倒入杯中。

示範影片連結

3

倒入新鮮柳橙汁至 8 分滿

4

吧叉匙沿邊緣攪拌 2 至 3 下

5

以水果夾夾取柳橙片置於杯緣，放上裝飾物。

6

附上調酒棒

7

置於杯墊即完成

C10-1
Screw Driver
螺絲起子

材料

1. 45ml Vodka 伏特加

2. Top with Fresh Orange Juice
   新鮮柳橙汁 8 分滿

裝飾物

Orange Slice 柳橙片

杯器皿

Highball Glass 高飛球杯

貼心小叮嚀

1. 所使用的配料，如果汁、碳酸飲料等應先冰涼。

2. 容易混合的酒類飲料在加入碳酸類飲料時，只需攪拌 2 ～ 3 下即可，以避免氣泡消失太快。

3. 直接注入法是最簡單的飲料調製法，但須注意的是吧叉匙一定要攪拌。

C1-4
Hot Toddy
熱托地

材料

1. 45ml Brandy白蘭地
2. 15ml Fresh Lemon Juice
   新鮮檸檬汁
3. 15ml Sugar Syrup果糖
4. Top with Boiling Water熱水8分滿

杯器皿

1. Lemon Slice 檸檬片
2. Cinnamon Powder 肉桂粉

Tips

Toddy Glass 托地杯（溫杯）

C3-3
Irish Coffee
愛爾蘭咖啡

材料

1. 30 ml Espresso(7g)濃縮咖啡
2. 120ml Hot Water熱開水
3. 8g Sugar糖包
4. 45ml Irish Whiskey愛爾蘭威士忌
5. Top With Wipped Cream
   加滿泡沫鮮奶油

裝飾物

Cocoa Powder可可粉

杯器皿

Irish Coffee Glass
愛爾蘭咖啡杯（溫杯）

Tips

以先放入糖包、威士忌、咖啡再加入
熱水的順序攪拌，最後再加上泡沫鮮
奶油。

C4-1
Salty Dog
鹹狗

材料

1. 45ml Vodka伏特加

2. Top with Fresh Grapefruit
   Juice
   新鮮葡萄柚汁8分滿

裝飾物

Salt Rimmed鹽口杯

杯器皿

Highball Glass 高飛球杯

C4-5
Negus
尼加斯

材料

1. 60ml Tawny Port波特酒
2. 15ml Fresh Lemon Juice新鮮檸檬汁
3. 15ml Sugar Syrup果糖
4. Top with Boiling Water熱開水8分滿

裝飾物

Nutmeg Power 荳蔻粉

Tips

Toddy Glass 托地杯（溫杯）

C5-1
Tequila Sunrise
特吉拉日出

材料

1. 45ml Tequila特吉拉
2. Top with Orange Juice柳橙汁8分滿
3. 10ml Grenadine Syrup紅石榴糖漿

裝飾物

1. Orange Slice柳橙片
2. Cherry櫻桃

杯器皿

Highball Glass(240ml) 高飛球杯

Tips

1. 將特吉拉與柳橙汁攪拌後，再用漂浮法加入紅石榴糖漿。
2. 柳橙汁取瓶或罐裝。

C5-5
Americano
美國佬

材料

1. 30ml Campari金巴利
2. 30ml Rosso Vermouth甜味苦艾酒
3. Top with Soda Water蘇打水8分滿

裝飾物

1. Orange Slice柳橙片
2. Lemon Peel檸檬皮

杯器

Highball Glass 高飛球杯

C7-4
Long Island Iced Tea
長島冰茶

材料

1. 15ml Gin琴酒
2. 15ml White Rum白色蘭姆酒
3. 15ml Vodka伏特加
4. 15ml Tequila特吉拉
5. 15ml Triple Sec白柑橘香甜酒
6. 15ml Fresh Lemon Juice新鮮檸檬汁
7. Top with Cola可樂8分滿

裝飾物

Lemon Peel檸檬皮

杯器皿

Collins Glass 可林杯

C7-6
White Russian
白色俄羅斯

材料

1. 45ml Vodka伏特加
2. 15ml Crème de Café咖啡香甜酒
3. 30ml Crème無糖液態奶精

杯器皿

Old Fashioned Glass 古典酒杯

Tips

先攪拌伏特加和咖啡香甜酒，再用漂浮法加入奶精。

C8-2
Frenchman
法國佬

材料

1. 30ml Grand Marnier香橙干邑香甜酒
2. 60ml Red Wine紅葡萄酒
3. 15ml Fresh Orange Juice新鮮柳橙汁
4. 15ml Fresh Lemon Juice新鮮檸檬汁
5. 10ml Sugar Syrup果糖
6. Top with Boiling Water熱開水8分滿

裝飾物

Orange Peel柳橙皮

杯器皿

Toddy Glass 托地杯（溫杯）

C8-6
John Collins
約翰可林

材料

1. 45ml Bourbon Whisky
   波本威士忌
2. 30ml Fresh Lemon Juice
   新鮮檸檬汁
3. 15ml sugar Syrup果糖
4. Top with Soda Water
   蘇打水8分滿
5. Dash Angostura Bitters
   調勻後加入少許安格式苦精

裝飾物

1. Lemon Slice檸檬片
2. Cherry櫻桃

杯器皿

Collins Glass 可林杯

C9-2
Black Russian
黑色俄羅斯

材料

1. 45ml Vodka伏特加

2. 15ml Crème de Café咖啡香甜酒

杯器皿

Old Fashioned Glass 古典酒杯

C11
God Father
教父

材料
1. 45ml Scotch Blended Whisky蘇格蘭調和威士忌
2. 15ml Amaretto杏仁香甜酒

杯器皿
Old Fashioned Glass 古典酒杯

C12-2
Bloody Mary
血腥瑪麗

材料

1. 45ml Vodka伏特加
2. 15ml Fresh Lemon Juice
   新鮮檸檬汁
3. Top with Tomato Juice
   番茄汁8分滿
4. Dash Tabasco少許酸辣油
5. Dash Worcestershire Sauce
   少許辣醬油
6. Proper amount of Salt and
   Pepper適量鹽跟胡椒

裝飾物

1. Lemon Wedge檸檬角
2. Celery Stick芹菜棒

杯器皿

Highball Glass 高飛球杯

C13-2
Cuba Libre
自由古巴

材料

1. 45ml Dark Rum深色蘭姆酒
2. 15ml Fresh Lemon Juice
   新鮮檸檬汁
3. Top with Cola可樂8分滿

裝飾物

Lemon Slice檸檬片

杯器皿

Highball Glass 高飛球杯

C14-1
Apple Mojito
蘋果莫西多

材料

1. 45ml White Rum白蘭姆酒
2. 30ml Fresh Lime Juice新鮮萊姆汁
3. 15ml Sour Apple Liqueur
   青蘋果香甜酒
4. 12 Fresh Mint Leaves新鮮薄荷葉
5. Top with Apple Juice蘋果汁8分滿

裝飾物

Mint Sprig薄荷枝

杯器皿

Collins Glass 可林杯

Tips

1. 採用直注法（壓榨法）。
2. 將12片薄荷葉拍打後放入可林杯，
   加入30ml的新鮮萊姆汁，壓榨搗碎
   後加滿碎冰，倒入45ml的白蘭姆酒
   和15ml青蘋果香甜酒，最後以吧叉
   匙攪拌後加入蘋果汁。

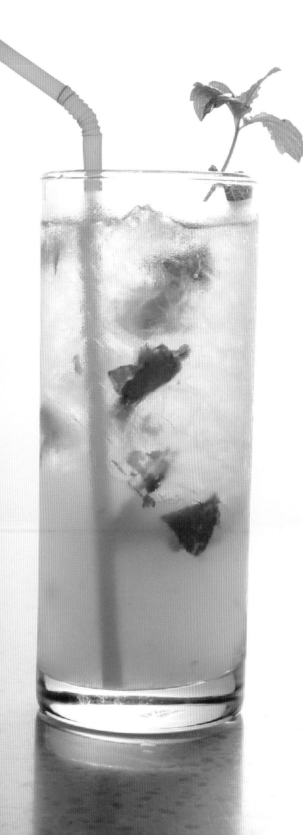

C15-2
Harvey Wall banger
哈維撞牆

材料
1. 45ml Vodka伏特加
2. 90ml Orange Juice柳橙汁
3. 15ml Galliano香草酒

裝飾物
1. Cherry 櫻桃
2. Orange Slice柳橙片

杯器皿
Highball Glass(240ml) 高飛球杯

Tips
1. 採用直注漂浮法。
2. 將伏特加和柳橙汁攪拌後，用吧叉匙漂浮香草酒。
3. 柳橙汁取瓶罐裝。

C16-2
Caipirinha
卡碧尼亞

材料

1. 45ml Cachaca甘蔗酒
2. 15ml Fresh Lime Juice新鮮萊姆汁
3. 1/2 Fresh Lime Cut Into 4Wedges新鮮萊姆切成4塊
4. 8g Sugar糖包

杯器皿

Old Fashioned Glass 古典酒杯

Tips

1. 採用壓榨法+直注法。
2. 先將萊姆4塊及糖包放入古典酒杯壓榨搗碎，待加滿碎冰後，再加入15ml新鮮萊姆汁，最後倒入45ml甘蔗酒並以吧叉匙攪拌。

C16-3
Caravan
車隊

材料

1. 90ml Red Wine 紅葡萄酒
2. 15ml Grand Marnier
   香橙干邑香甜酒
3. Top with Cola可樂8分滿

裝飾物

Cherry櫻桃

杯器皿

Collins Glass 可林杯

C17-5
Horse's
Neck
馬頸

材料

1. 45ml Brandy白蘭地
2. Top with Ginger Ale薑汁汽水8
   分滿
3. Dash of Angostura Bitter調勻
   後加入少許安格式苦精

裝飾物

1. Lemon Spiral螺旋狀檸檬皮

杯器皿

Highball Glass 高飛球杯

Tips

螺旋狀檸檬皮先放入高飛球杯，
加入冰塊後，依序加入材料，最
後以吧叉匙攪拌。

C18-4
Old Fashioned
古典酒

材料

1. 45ml Bourbon Whisky波本威士忌
2. Dashes Angostura Bitters
   少許安格式苦精
3. 8g Sugar糖包
4. Splash of Soda Water蘇打水少許

裝飾物

1. Orange Slice柳橙片
2. Lemon Peel檸檬皮
3. 2 Cherries櫻桃2粒

杯器皿

Old Fashioned Glass 古典酒杯

Tips

將糖包放入古典酒杯後，滴入 3-5 滴
苦精，倒入蘇打水蓋過糖粉，再以吧
叉匙攪拌，之後加入檸檬皮 Twist，
放入冰塊，最後以 Free Pour 加入
（或用量酒器）45ml 波本威士忌。

三、搖盪法之漂浮法(Float)

　　搖盪法中的漂浮法，是利用飲料中酒精與糖比重的差異，做出層次分明的效果，由於配料的密度不同，因此能夠看到雞尾酒有漸變色、分層的感覺。示範：以 C12-1 Mai Tai 邁泰為例。

準備工作

洗手

擦乾

示範影片連結

步驟

左手以拇指和食指扶住玻璃杯

以 Free Pour 讀 4 拍（或用量酒器），倒入 30ml 的白蘭姆酒。

以量酒器量取 15ml 柑橘香甜酒

量酒器量取 10ml 果糖

量酒器量取 10ml 新鮮檸檬汁

在鋼杯（Tin 杯）內加入約半杯的冰塊

將材料倒入鋼杯內

將玻璃杯套入鋼杯，拍打玻璃底部用力扣緊。

瓶身成一直線

搖盪 10 幾次至結霜

用手掌心下方輕輕的敲一下瓶身，使調酒器和玻璃杯分開。

取下玻璃杯

在古典酒杯內加入半杯冰塊

將隔冰器扣住鋼杯杯口

將搖盪均勻的成品倒入酒杯

將吧叉匙抵住杯緣，倒入 30ml 深色蘭姆酒。

放上裝飾物

置於杯墊上即完成

貼心小叮嚀

1. 搖盪法的重點是將比重差異大的材料，或是不容易混合的材料迅速搖勻。
2. 漂浮法則是要讓一種材料漂浮在另一種材料上，慢慢地往下倒，倒時用吧叉匙朝上，將酒或材料繞著杯子的邊緣轉動。

C12-1
Mai Tai 邁泰

材料

1. 30ml White Rum白蘭姆酒
2. 15ml Orange Curacao Liqueur
   柑橘香甜酒
3. 10ml Fresh Lemon Juice
   新鮮檸檬汁
4. 10 ml Sugar Syrup果糖
5. 30ml Dark Rum深色蘭姆酒

裝飾物

1. Fresh Pineapple Slice
   新鮮鳳梨片（去皮）
2. Cherry櫻桃

杯器皿

Old Fashioned Glass古典酒杯

四、攪拌法(Stir)

　　將材料倒入刻度調酒杯 (Mixing Glass) 中，用吧匙充分攪拌。常用於調製口感較辛辣、後勁較強的烈性加味酒雞尾酒，事前準備如圖 11-3 所示。示範：以 C15-4 Apple Manhattan 蘋果曼哈頓為例。

圖11-3　攪拌法(Stir)事前準備

準備工作

洗手　　　　　　　擦乾

示範影片連結

步驟

1

冰杯

2

在調酒杯中加入約 8 分滿的冰塊

3

以 Free Pour（或用量酒器）將 30ml 波本威士忌倒入調酒杯中

以量酒器量取 15ml 青蘋果香甜酒，倒入調酒杯中。

以量酒器量取 15ml 白柑橘香甜酒，倒入調酒杯中。

以量酒器量取 15ml 甜苦艾酒，倒入調酒杯中。

一手握住杯子下方，另一手持吧叉匙，匙背向外，沿杯子內緣放入杯中，繞圈攪拌 10～15 圈，再沿杯緣取出。

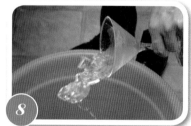

將冰杯冰塊倒掉

以隔冰器套在調酒杯杯口，用食指及中指壓住，其他手指則握住調酒杯。

將酒濾入杯子中，用中指和食指壓住酒杯底部，濾除冰塊，將攪勻的成品倒入酒杯內。

加上裝飾物

置於杯墊上即完成

貼心小叮嚀

1. 材料比中差異不大、易於混合的材料（如各種烈酒、利口酒等）構成的雞尾酒，要用攪拌法來調製。
2. 透明無色的酒使用攪動和過濾方式，而非搖動和過濾的方式，目的是為了保持酒的清澈度；若透明無色的酒經常搖動或調酒器混合，會和空氣混合，而變得渾濁。
3. 一般雞尾酒均需攪拌 10 秒鐘，才會充份混合，但如果為有氣飲料，如：汽水、可樂等，其氣泡會自己做好大部分的攪拌、混合，只需攪拌兩下即可。
4. 中指與無名指以吧叉匙為主軸，用姆指與食指支撐。
5. 吧叉匙沿杯緣順時鐘旋轉。

C15-4
Apple Manhattan
蘋果曼哈頓

材料

1. 30ml Bourbon Whiskey
   波本威士忌
2. 15ml Sour Apple Liqueur
   青蘋果香甜酒
3. 15ml Triple Sec白柑橘香甜酒
4. 15ml Rosso Vermouth甜苦艾酒

裝飾物

Apple Tower蘋果塔

杯器皿

Cocktail Glass雞尾酒杯

C1-3
Manhattan
曼哈頓
（製作三杯）

材料

1. 45ml Bourbon Whiskey波本威士忌

2. 15ml Rosso Vermouth甜味苦艾酒

3. Dash Angostura Bitters
   少許安格式苦精

裝飾物

Cherry櫻桃

杯器皿

Martini Glass 馬丁尼杯（冰杯）

Tips

材料需準備 3 杯量

C3-2
Dry Manhattan
不甜曼哈頓
（製作三杯）

材料

1. 45ml Bourbon Whiskey
   波本威士忌
2. 15ml Dry Vermouth不甜苦艾酒
3. Dash Angostura Bitters少許安格
   式苦精

裝飾物

Lemon Peel檸檬皮

杯器皿

Martini Glass 馬丁尼杯（冰杯）

Tips

材料需準備 3 杯量

C7-1
Dry Martini
不甜馬丁尼

材料

1. 45ml Gin琴酒

2. 15m Dry Vermouth不甜苦艾酒

裝飾物

Stuffed Olive紅心橄欖

杯器皿

Martini Glass 馬丁尼杯（冰杯）

Tips

橄欖使用前必須浸泡於白開水中，再取出使用。

C10-2
Gin & IT
義式琴酒
（製作三杯）

材料

1. 45ml Gin琴酒
2. 15ml Rosso Vermouth甜苦艾酒

裝飾物

Lemon Peel檸檬皮（扭轉繞邊緣）

杯器皿

Martini Glass 馬丁尼杯（冰杯）

Tips

材料需準備 3 杯量

C11-2
Perfect Martini
完美馬丁尼

（製作三杯）

材料

1. 45ml Gin琴酒

2. 10m Rosso Vermouth甜味苦艾酒

3. 10m Dry Vermouth不甜苦艾酒

裝飾物

Cherry櫻桃

Lemon Peel檸檬皮（扭轉繞杯緣）

杯器皿

Martini Glass 馬丁尼杯（冰杯）

Tips

材料需準備 3 杯量

攪拌法

C16-4
Gibson
吉普森

材料

1. 45ml Gin琴酒
2. 15ml Dry Vermouth不甜苦艾酒

裝飾物

Onion小洋蔥

杯器皿

Martini Glass 馬丁尼杯（冰杯）

Tips

小洋蔥使用前必須浸泡於白開水中，
再取出使用。

C17-3
Rob Roy
羅伯羅依

（製作三杯）

材料

1. 45ml Scotch Whisky蘇格蘭威士忌

2. 15ml Rosso Vermouth甜味苦艾酒

3. Dash Angostura Bitters少許安格式
   苦精

裝飾物

Cherry櫻桃

杯器皿

Martini Glass 馬丁尼杯（冰杯）

Tips

材料需準備 3 杯量

C18-1
Rusty Nail
銹釘子

（製作三杯）

材料

1. 45ml Scotch Whisky蘇格蘭威士忌

2. 30ml Drambuie蜂蜜香甜酒

裝飾物

Lemon Peel檸檬皮

杯器皿

Cocktail Glass 雞尾酒杯（冰杯）

Tips

材料需準備 3 杯量

五、搖盪法(Shake)

　　Shake 是搖動混合之意，搖盪法就是使用搖酒器，將基酒與配料快速搖盪，使之混合、冷卻，是調製雞尾酒最基本的方法。搖盪法能將不易混合的材料快速混合、冰涼並減低酒的辛辣感，使酒更溫和順口，事前準備如圖 11-4 所示。以 C2-2 Dandy Cocktail 至尊雞尾酒為例。

圖11-4　搖盪法(Shake)事前準備

準備工作

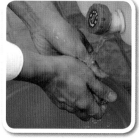

洗手

擦乾

貼心小叮嚀

1. 將材料依序加入刻度調酒杯。
2. 鋼杯加入冰塊後要扣住拍打成一直線。
3. 搖盪至結霜，輕敲鋼杯與玻璃杯缺口，使隔冰器扣住鋼杯，將成品倒入杯中。

步驟

1 以 Free Pour 4 拍（或用量酒器）倒入 30ml 琴酒

2 以量酒器量取 30ml 紅多寶力酒

3 以量酒器量取 10ml 白柑橘香甜酒

4 滴入 3-5 滴安格式苦精

5 鋼杯加入半杯冰塊

6 將玻璃杯內的材料倒入鋼杯內

7 將玻璃杯套入鋼杯，拍打扣緊。

8 扣住成一直線

9 搖盪 10 幾次

10 再以手腕來回甩動約 10 次至結霜

11 用手掌心下方輕輕的敲一下瓶身，使鋼杯和玻璃杯分開。

12 取下玻璃杯

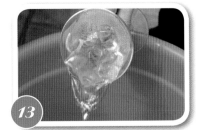

13 倒掉冰杯裡的冰塊

14 將隔冰器置於鋼杯杯口上

15 於杯口放上隔冰器，將搖盪均勻的成品倒入酒杯。

16 夾取檸檬皮扭轉一下

17 擦一下杯口後，丟進杯中

19 置於杯墊上即完成

示範影片連結

18 再將柳橙皮放入杯中

C2-2
Dandy Cocktail
至尊雞尾酒

材料

1. 30ml Gin琴酒
2. 30ml Dubonnet Red紅多寶力酒
3. 10ml Triple Sec白柑橘香甜酒
4. Dash Angostura少許安格式苦精

杯器皿

Cocktail Glass雞尾酒杯（冰杯）

裝飾物

1. Lemon Peel檸檬皮
2. Orange Peel柳橙皮

C1-2
Expresso Daiquiri
義式戴吉利

材料

1. 30ml White Rum白蘭姆酒
2. 30ml Expresso Coffee義式咖啡(7g)
3. 15ml Sugar Syrup果糖

裝飾物

Float Three Coffee Beans咖啡豆3粒

杯器皿

Cocktail Glass 雞尾酒杯（冰杯）

C1-6
Planter's Punch
拓荒者賓治

材料

1. 45ml Dark Rum深色蘭姆酒
2. 15ml Fresh Lemon Juice新鮮檸檬汁
3. 10ml Grenadine Syrup紅石榴糖漿
4. Top with Soda Water蘇打水8分滿
5. Dash Angostura Bitters搖勻後加入少許安格式苦精

裝飾物

1. Lemon Slice檸檬片
2. Orange Slice柳橙片

杯器皿

Collin Glass 可林杯

Tips

先將 1 ～ 3 項材料搖盪均勻後，在可林杯加入冰塊，將搖盪均勻的成品倒入杯中，加入 8 分滿蘇打水。

C2-4
Cool
Sweet Heart
冰涼甜心

材料
1. 30ml White Rum白蘭姆酒
2. 30ml Mozart Dark Chocolate
   Liqueur莫扎特黑巧克力香甜酒
3. 30ml Mojito Syrup莫西多糖漿
4. 75ml Fresh Orange Juice
   新鮮柳橙汁
5. 15ml Fresh Lemon Juice
   新鮮檸檬汁

裝飾物
1. Lemon Peel檸檬皮（扭轉將油擠
   出抹杯口）
2. Cherry櫻桃

杯器皿
Collins Glass 可林杯（加入新冰塊）

Tips
1. 採用搖盪法+漂浮法。
2. 將1～3項材料加入搖盪後，可林杯
   加入冰塊，再將搖盪過的成品倒入
   杯中，吧叉匙朝上以漂浮法加入4
   及5項材料。

C2-5
White Stinger
白醉漢

（製作三杯）

材料

1. 45ml Vodka伏特加
2. 15ml White Crème de Menthe
   白薄荷香甜酒
3. 15ml White Crème de Cacao
   白可可香甜酒

杯器皿

Old Fashioned Glass 古典酒杯

Tips

材料需準備 3 杯量

C3-5
Gin Fizz
琴費士

材料

1. 45ml Gin琴酒
2. 30ml Fresh Lemon Juice
   新鮮檸檬汁
3. 15ml Sugar Syrup果糖
4. Top with Soda Water蘇打水8
   分滿

杯器皿

Highball Glass 高飛球杯（加入
新冰塊）

Tips

將 1～3 項材料搖盪後，高飛
球杯加入冰塊，再將搖盪後的
成品倒入杯中，最後加入 8 分
滿的蘇打水。

C3-4
Stinger 醉漢

材料
1. 45ml Brandy白蘭地
2. 15ml White Crème de Menthe
   白薄荷香甜酒

裝飾物
Mint Sprig薄荷枝

杯器皿
Old Fashioned Glass 古典酒杯

搖盪法

237

C4-4
Ginger
Mojito
薑味莫西多

材料

1. 45ml White Rum
   白蘭姆酒
2. 3 Slices Fresh Root Ginger
   嫩薑3片
3. 12 Fresh Mint Leaves
   新鮮薄荷葉
4. 15ml Fresh Lime Juice
   新鮮萊姆汁
5. 8g Sugar
   糖包
6. Top with Ginger Ale
   薑汁汽水8分滿

裝飾物

Mint Sprig薄荷枝

杯器皿

Highball Glass 高飛球杯

Tips

1. 採用壓榨法+搖盪法。

2. 將2～5項材料倒入高飛球杯中壓
   榨，將汁液倒入刻度調酒杯，加
   入Free Pour 45ml白蘭姆酒（或用
   量酒器加入），接著鋼杯加入冰
   塊拍打扣緊成一直線後搖盪，將
   Highball加滿碎冰，最後倒入薑汁
   汽水8分滿。

C4-6
Golden
Dream
金色夢幻

（製作三杯）

材料

1. 30ml Galliano香草酒
2. 15ml Triple Sec白柑橘香甜酒
3. 15ml Fresh Orange Juice
   新鮮柳橙汁
4. 10ml Cream無糖液態奶精

杯器皿

Cocktail Glass 雞尾酒杯（冰杯）

Tips

材料需準備 3 杯量

C5-4
Captain Collins
領航者可林

材料
1. 30ml Canadian Whisky
   加拿大威士忌
2. 30ml Fresh Lemon Juice
   新鮮檸檬汁
3. 10ml Sugar Syrup果糖
4. Top with Soda Water蘇打水8分滿

裝飾物
1. Lemon Slice檸檬片
2. Cherry櫻桃

杯器皿
Collins Glass 可林杯

C5-6
Pink Lady
粉紅佳人

（製作三杯）

材料

1. 30ml Gin琴酒
2. 15ml Fresh Lemon Juice
   新鮮檸檬汁
3. 10ml Grenadine Syrup
   紅石榴糖漿
4. 15ml Egg White蛋白

裝飾物

Lemon Peel檸檬皮

杯器皿

Cocktail Glass 雞尾酒杯（冰杯）

Tips

材料需準備 3 杯量

C6-1
Jack Frost
傑克佛洛斯特

材料

1. 45ml Bourbon Whisky
   波本威士忌
2. 15ml Drambuie蜂蜜酒
3. 30ml Fresh Orange Juice
   新鮮柳橙汁
4. 10ml Fresh Lemon Juice
   新鮮檸檬汁
5. 10ml Grenadine Syrup
   紅石榴糖漿

裝飾物

Orange Peel柳橙皮（扭轉繞杯口）

杯器皿

Old Fashioned Glass 古典酒杯
（加入新冰塊）

C6-3
Viennese Espresso
義式
維也納咖啡

材料

1. 30ml Expresso Coffee
   義式咖啡(7g)
2. 30ml White Chocolate Cream
   白巧克力酒
3. 30ml Macadamia Nut Syrup
   夏威夷豆糖漿
4. 120ml Milk鮮奶

裝飾物

Float Three Coffee Beans咖啡豆3粒

杯器皿

Collins Glass 可林杯（加入新冰塊）

C6-5
Silver Fizz
銀費士

材料
1. 45ml Gin琴酒
2. 15ml Fresh Lemon Juice
   新鮮檸檬汁
3. 15ml Sugar Syrup果糖
4. 15ml Egg White蛋白
5. Top with Soda Water
   蘇打水8分滿

裝飾物
Lemon Slice檸檬片

杯器皿
Highball Glass 高飛球杯
（加入新冰塊）

Tips
1. 將1～4項材料搖盪後，加蘇打水至
   8分滿。
2. 搖盪法杯皿若是古典酒杯、高飛球
   杯、可林杯，均需加入新冰塊於杯
   中。

C6-4
Kamikaze
神風特攻隊
（製作三杯）

材料

1. 45ml Vodka伏特加
2. 15ml Triple Sec白柑橘香甜酒
3. 15ml Fresh Lime Juice新鮮萊姆汁

裝飾物

Lemon Wedge檸檬角

杯器皿

Old Fashioned Glass 古典酒杯

（加入新冰塊）

Tips

材料需準備 3 杯量

C7-5
Sangria
聖基亞

材料

1. 30ml Brandy 白蘭地
2. 30ml Red Wine紅葡萄酒
3. 15ml Grand Marnier
   香橙干邑香甜酒
4. 60ml Fresh Orange Juice
   新鮮柳橙汁

裝飾物

Orange Slice柳橙片

杯器皿

Highball Glass 高飛球杯
（加入新冰塊）

C7-2
Grasshopper
綠色蚱蜢
（製作三杯）

材料

1. 20ml Green CrèmeDe Menthe 綠
   薄荷香甜酒
2. 20ml White Crème de Cacao白可
   可香甜酒
3. 20ml Cream無糖液態奶精

杯器皿

Cocktail Glass 雞尾酒杯（冰杯）

Tips

材料需準備 3 杯量

搖盪法

C8-1
Egg Nog
蛋酒

材料

1. 30ml Brandy白蘭地
2. 15ml White Rum白蘭姆酒
3. 120ml Milk鮮奶
4. 15ml Sugar Syrup果糖
5. 1 Egg Yolk蛋黃

裝飾物

Nutmeg Power荳蔻粉

杯器皿

Highball Glass(300ml) 高飛球杯

（冰杯，成品不見冰）

C8-5
Orange Blossom
橘花

（製作三杯）

材料

1. 30ml Gin琴酒
2. 15ml Rosso Vermouth甜苦艾酒
3. 30ml Fresh Orange Juice新鮮柳橙
   汁

裝飾物

Sugar Rimmed糖口杯

杯器皿

Cocktail Glass 雞尾酒杯（冰杯）

Tips

前置先做 3 個糖口杯，材料則需準備
3 杯量。

C9-4
Sherry Flip
雪莉惠而浦

材料

1. 15ml Brandy 白蘭地
2. 45ml Sherry 雪莉酒
3. 15ml Egg White 蛋白

杯器皿

Cocktail Glass 雞尾酒杯（冰杯）

C9-5
Blue Bird
藍鳥
（製作三杯）

材料

1. 30ml Gin琴酒
2. 15ml Blue Curacao Liqueur
   藍柑橘香甜酒
3. 15ml Fresh Lemon Juice
   新鮮檸檬汁
4. 10ml Almond Syrup杏仁糖漿

裝飾物

Lemon Peel檸檬皮

杯器皿

Cocktail Glass 雞尾酒杯（冰杯）

Tips

材料需準備 3 杯量

C10-5
Vanilla Espresso-Martini
義式 香草馬丁尼

材料

1. 30ml Vanilla Vodka香草伏特加
2. 30ml Espresso Coffee義式咖啡(7g)
3. 15ml Kahlua卡魯瓦咖啡香甜酒

裝飾物

Float Three Coffee Beans咖啡豆3粒

杯器皿

Cocktail Glass 雞尾酒杯（冰杯）

Tips

咖啡拉花的下一題，若是義式咖啡雞尾酒，則需取雙孔咖啡把手萃取 2 杯咖啡(14g)，1 杯義式做咖啡拉花；1 杯用小鋼杯做下一道義式咖啡雞尾酒。

C10-3
Classic Mojito
經典莫西多

材料

1. 45ml Cachaca
   甘蔗酒
2. 30ml Fresh Lime Juice
   新鮮萊姆汁
3. 1/2 Fresh Lime Cut Into 4 Wedges
   新鮮萊姆切成4塊
4. 12 Fresh Mint Leaves
   新鮮薄荷葉
5. 8g Sugar
   糖包
6. Top with Soda Water
   蘇打水8分滿

裝飾物

Mint Sprig薄荷枝

杯器皿

Highball Glass 高飛球杯（加碎冰）

Tips

1. 採用壓榨+搖盪法製作。
2. 將2～5項材料放入高飛球杯搗碎後，將汁液倒入刻度調酒杯，再Free Pour搖盪45ml白蘭姆酒（或以量酒器加入），把Highball杯加滿碎冰後，將隔冰器扣在鋼杯上，成品倒入Highball杯，最後蘇打水加至8分滿。

C10-6
Golden Rico
金色黎各

材料

1. 30ml Vodka伏特加
2. 15ml Mozart Dart Chocolate
   Liqueur莫扎特黑色巧克力香甜酒
3. 45ml Orange Juice柳橙汁
4. 15ml Cream無糖液態奶精

裝飾物

Cinnamon Powder肉桂粉

杯器皿

Cocktail Glass 雞尾酒杯（大）（冰杯）

Tips

1. 採用搖盪法+漂浮法
2. 柳橙汁取瓶罐裝。

C11-3
Side Car
側車

材料

1. 30ml Brandy白蘭地
2. 15ml Triple Sec白柑橘香甜酒
3. 30ml Fresh Lime Juice
   新鮮萊姆汁

裝飾物

1. Lemon Slice檸檬片
2. Cherry櫻桃

杯器皿

Cocktail Glass 雞尾酒杯（冰杯）

搖邊法

C12-3
White Sangria
白色聖基亞

材料

1. 30ml Grand Marnier
   香橙干邑香甜酒
2. 60ml White Wine白葡萄酒
3. Top with 7-Up無色汽水8分滿

裝飾物

1 Lemon Slice
1 Orange Slice
檸檬柳橙各 1 片

杯器皿

Collins Glass 可林杯（加入新冰塊）

C12-5
Vodka Espresso
義式伏特加

材料
1. 30ml Vodka伏特加
2. 30ml Expresso Coffee義式咖啡 (7g)
3. 15ml Crème de Café咖啡香甜酒
4. 10ml Sugar Syrup果糖

裝飾物
Float Three Coffee Beans咖啡豆3粒

杯器皿
Old Fashioned Glass 古典酒杯（加入新冰塊）

C13-1
New York
紐約

材料

1. 45ml Bourbon Whisky波本威士忌
2. 15ml Fresh Lime Juice新鮮萊姆汁
3. 10ml Grenadine Syrup紅石榴糖漿
4. 10 ml Sugar Syrup果糖

裝飾物

Orange Slice柳橙片

杯器皿

Cocktail Glass 雞尾酒杯（冰杯）

C13-4
Brandy Alexander
白蘭地亞歷山大
（製作三杯）

材料
1. 20ml Brandy白蘭地
2. 20ml Brown Crème De Cacao
   深可可香甜酒
3. 20ml Cream無糖液態奶精

裝飾物
Nutmeg Power荳蔻粉

杯器皿
Cocktail Glass 雞尾酒杯（冰杯）

Tips
材料需準備 3 杯量

搖盪法

259

C13-3
Amaretto Sour
杏仁酸酒
（含冰塊）

材料

1. 45ml Amaretto Liqueur
   杏仁香甜酒
2. 30ml Fresh Lemon Juice
   新鮮檸檬汁
3. 10ml Sugar Syrup果糖

裝飾物

1. Orange Slice柳橙片
2. Lemon Peel檸檬皮
   （扭轉繞杯口）

杯器皿

Old Fashioned Glass 古典酒杯
（加新冰塊）

C13-6
Jalisco Expresso
墨西哥義式咖啡

材料

1. 30ml Tequila特吉拉
2. 30ml Expresso Coffee
   義式咖啡(7g)
3. 30ml Kahlua卡魯哇咖啡香甜酒

裝飾物

Float Three Coffee Beans咖啡豆3粒

杯器皿

Old Fashioned Glass 古典酒杯（加新冰塊）

C14-2
New Yorker
紐約客
（製作三杯）

材料

1. 45ml Bourbon Whisky波本威士忌
2. 45ml Red Wine紅葡萄酒
3. 15ml Fresh Lemon Juice
   新鮮檸檬汁
4. 15ml Sugar Syrup果糖

裝飾物

Orange Peer柳橙皮

杯器皿

Cocktail Glass 雞尾酒杯（大）（冰杯）

Tips

材料需準備 3 杯量

C15-3
Cosmopolitan
四海一家
（製作三杯）

材料
1. 45ml Vodka伏特加
2. 15ml Triple Sec白柑橘香甜酒
3. 15ml Fresh Lime Juice新鮮萊姆汁
4. 30ml Cranberry Juice蔓越莓汁

裝飾物
Lime Slice萊姆片

杯器皿
Cocktail Glass 雞尾酒杯（大）（冰杯）

Tips
材料需準備 3 杯量

搖盪法

C15-1
Porto Flip
波特惠而浦

材料

1. 10ml Brandy白蘭地
2. 45ml Tawny Port波特酒
3. 1 Egg Yolk蛋黃1個

裝飾物

Nutmeg Powder荳蔻粉

杯器皿

Cocktail Glass 雞尾酒杯

C15-6
Jolt'ini 震撼

材料

1. 30ml Vodka伏特加
2. 30ml Espresso Coffee義式咖啡(7g)
3. 15ml Crème de Café咖啡香甜酒

裝飾物

Float Three Coffee Beans咖啡豆3粒

杯器皿

Old Fashioned Glass 古典酒杯

（加入新冰塊）

搖盪法

C16-1
Singapore Sling
新加坡司令

材料

1. 30ml Gin琴酒
2. 15ml Cherry Brandy(Liqueur)
   櫻桃白蘭地（香甜酒）
3. 10ml Cointrean君度橙酒
4. 10ml Benedictine
   班尼狄克香甜酒
5. 10ml Grenadine Syrup
   紅石榴糖漿
6. 90ml Pineapple Juice鳳梨汁
7. 15ml Fresh Lemon Juice
   新鮮檸檬汁
8. Dash Angostura Bitters
   少許安格式苦精

裝飾物

1. Fresh Pineapple Slice
   新鮮鳳梨片（去皮）
2. Cherry櫻桃

杯器皿

Collins Glass 可林杯（加入新冰塊）

C16-5
Flying Grasshopper
飛天蚱蜢
（製作三杯）

材料
1. 30ml Vodka伏特加
2. 15ml White Crème de Cacao
   白可可香甜酒
3. 15ml Green Crème de Menthe
   綠薄荷香甜酒
4. 15ml Cream無糖液態奶精

裝飾物
1. Cacao Powder可可粉
2. Mint Leaf薄荷葉

杯器皿
Cocktail Glass 雞尾酒杯（冰杯）

Tips
材料需準備 3 杯量

C17-2
Whiskey Sour
威士忌酸酒

材料

1. 45ml Bourbon Whiskey
   波本威士忌
2. 30ml Fresh Lemon Juice
   新鮮檸檬汁
3. 30ml Sugar Syrup果糖

裝飾物

1. 1/2 Orange Slice 1/2柳橙片
2. Cherry櫻桃

杯器皿

Sour Glass 酸酒杯（冰杯）

C18-2
Sex
on the Beach
性感沙灘

材料

1. 45ml Vodka伏特加
2. 15ml Peach Liqueur水蜜桃香甜酒
3. 30ml Orange Juice柳橙汁
4. 30ml Cranberry Juice蔓越莓汁

裝飾物

Orange Slice柳橙片

杯器皿

Highball Glass 高飛球杯

（加入新冰塊）

C18-3
Strawberry
Night
草莓夜

材料
1. 20ml Vodka伏特加
2. 20ml Passion Fruit Liqueur
   百香果香甜酒
3. 20ml Sour Apple Liqueur
   青蘋果酒
4. 40ml Strawberry Juice草莓汁
5. 10ml Sugar Syrup果糖

裝飾物
Apple Tower蘋果塔

杯器皿
Cocktail Glass 雞尾酒杯（大）
（冰杯）

C18-5
Tropic
熱帶

材料
1. 30ml Benedictine班尼狄克香甜酒
2. 60ml White Wine白葡萄酒
3. 60ml Fresh Grapefruit Juice
   新鮮葡萄柚汁

裝飾物
Lemon Slice檸檬片

杯器皿
Collins Glass 可林杯（加入新冰塊）

六、電動攪拌法／霜凍法(Blend/Frozen)

　　一般用於使用各式水果如香蕉、草莓等需要攪拌的塊狀材料製作的熱帶性雞尾酒，或製做霜凍雞尾酒，電動攪拌法／霜凍法混合效果最好也最省力。將所有材料倒入果汁機中(Blender)並加入冰塊，打成極細的碎冰狀或霜凍狀的雞尾酒，不需過濾，直接倒入杯中即成，事前準備如圖11-5所示。以C9-6 Pina Colada鳳梨可樂達為例。

圖11-5　電動攪拌法/霜凍法(Blend/Frozen)事前準備

準備工作

洗手

擦乾

步驟

以 Free Pour 注入（或用量酒器）
30ml 白蘭姆酒到果汁機內

以量酒器量取 30ml 椰漿倒入果汁
機

以量酒器量取 90ml 鳳梨汁倒入果
汁機

加入冰塊到果汁機上座

蓋緊蓋子後，將上座卡緊在底座
上。

啟動果汁機開關，將材料打成霜狀，
直到聽不到冰塊聲。

取下上座，將霜狀的雞尾酒倒入
杯中。

加入裝飾物

置於杯墊上即完成

貼心小叮嚀

1. 先加材料後加冰塊。
2. 將果汁機速度設在低速，按順轉鍵將材料打碎後，再把速度
   調到高速直到飲料成霜狀。
3. 第 2. 做完之後，再把速度調回低速，關掉馬達，待果汁機
   速度慢下來，再將容杯拿下來，這樣可以增加刀片、離合
   器和馬達的壽命。
4. 用完需清洗果汁機。

C9-6
Pina
Colada
鳳梨可樂達

材料

1. 30ml White Rum白蘭姆酒
2. 30ml Coconut Cream椰漿
3. 90ml Pineapple Juice鳳梨汁

裝飾物

1. Fresh Pineapple Slice
   新鮮鳳梨片（去皮）
2. Cherry櫻桃

杯器皿

Collins Glass可林杯

C2-3
Banana Batida
香蕉巴迪達

材料
1. 45ml Cachaca甘蔗酒
2. 30ml Crème de Bananas 香蕉香甜酒
3. 20ml Fresh Lemon Juice 新鮮檸檬汁
4. 1 Fresh Peeled Banana 新鮮香蕉1根

裝飾物
Banana Slice香蕉片

杯器皿
Hurricane Glass 炫風杯

C5-3
Coffee Batida
巴迪達咖啡

材料

1. 30ml Cachaca甘蔗酒
2. 30ml Expresso Coffee
   義式咖啡(7g)
3. 30ml Crème de Café
   咖啡香甜酒
4. 10ml Sugar Syrup果糖

裝飾物

Float Three Coffee Beans咖啡豆3粒

杯器皿

Old Fashioned Glass 古典酒杯

C8-4
Brazilian Coffee
巴西佬咖啡

材料

1. 30ml Cachaca甘蔗酒
2. 30ml Expresso Coffee
   義式咖啡(7g)
3. 30ml Cream無糖液態奶精
4. 15ml Sugar Syrup果糖

裝飾物

Float Three Coffee Beans咖啡豆3粒

杯器皿

Old Fashioned Glass 古典酒杯

C11-6
Blue
Hawaiian
藍色夏威夷佬

材料

1. 45ml White Rum白蘭姆酒
2. 30ml Blue Curacao Liqueur
   藍柑橘香甜酒
3. 45ml Coconut Cream椰漿
4. 120ml Pineapple Juice鳳梨汁
5. 15ml Fresh Lemon Juice
   新鮮檸檬汁

裝飾物

1. Fresh Pineapple Slice
   新鮮鳳梨片（去皮）
2. Cherry櫻桃

杯器皿

Hurricane Glass 炫風杯

C12-6
Frozen
Margarita
霜凍瑪格麗特
(frozen)（製作三杯）

材料

1. 30ml Tequila特吉拉
2. 15ml Triple Sec白柑橘香甜酒
3. 15ml Fresh Lime Juice
   新鮮萊姆汁

裝飾物

Salt Rimmed 鹽口杯
（先製作 3 個鹽口杯）

杯器皿

Margarita Glass 瑪格麗特杯
（不需加入新冰塊）

Tips

1. Frozen需打成冰沙狀
2. 材料需準備3杯量。

電動攪拌法／霜凍法

C14-3
Kiwi Batida
奇異果巴迪達

材料
1. 60ml Cachaca甘蔗酒
2. 30ml Sugar Syrup果糖
3. 1 Fresh Kiwi奇異果1顆

裝飾物
Kiwi Slice奇異果片（去皮）

杯器皿
Collins Glass 可林杯

（不需加入新冰塊）

C17-1
Banana Frozen
霜凍香蕉 戴吉利

材料

1. 30 White Rum白蘭姆酒
2. 10ml Fresh Lime Juice新鮮萊姆汁
3. 15ml Sugqr Syrup果糖
4. 1/2 Fresh Peeled Banana新鮮香蕉1/2根

裝飾物

1. Banana Slice香蕉片
2. Cherry櫻桃

杯器皿

Cocktail Glass 雞尾酒杯（大）

（打成冰沙狀）

七、分層法(Layer)

　　使用分層法 Layer 的技術，是為讓酒類或材料能明顯分出層次或色澤的方式，要達到這種效果，須利用比重的不同，且一定要遵照酒譜上材料加入的順序。每一種材料都是分開獨立的，且都是直接倒在另一種材料上（將一種酒分層在另一種酒之上），不需攪拌。如 B-52、普施咖啡 (Pousse-café)、彩虹酒 (Rainbow)、天使之吻 (Angel's Kiss) 等，事前準備如圖 11-6 所示。以 C4-3 B-52 Shot B-52 轟炸機為例。

圖11-6　分層法(Layer)事前準備

準備工作

洗手

擦乾

示範影片連結

步驟

① 直接倒入 1/3 的卡魯哇咖啡香甜酒

② 以量酒器量取 1/3 的貝里斯奶酒

③ 以吧叉匙朝上抵住杯面，酒沿匙面倒入杯內緣，慢慢流至第一種酒上方，造成分層。

④ 以酒杯倒些清水

⑤ 將量酒器和吧叉匙洗淨

⑥ 擦拭量酒器

⑦ 擦乾吧叉匙

⑧ 以量酒器量取 1/3 的香橙干邑白蘭地

⑨ 以吧叉匙朝上抵住杯面，將酒沿匙面倒入杯內緣，慢慢流至第 2 種酒上方，造成分層，再小心將吧叉匙以斜角從杯中取出。

⑩ 將成品置於杯墊上即完成

貼心小叮嚀

1. 分層的技巧在於，必須事先瞭解所使用材料的酒精濃度比重，酒精度高的材料浮在較重的材料上面，才能造成層層分開的效果。
2. 使用這個技巧時，切忌攪拌，在倒每一層酒時，吧叉匙朝上沿著杯壁往下滑，如此才能讓界線層次分明。

B-52 Shot
B-52 轟炸機

材料

1. 1/3 Kahlua
   卡魯哇咖啡香甜酒
2. 1/3 Bailey's Irish Cream
   貝里斯奶酒
3. 1/3 Grand Marnier
   香橙干邑香甜酒

杯器皿

Shot Glass烈酒杯

C3-6
Pausse Café
普施咖啡

材料

1. 1/5 Grenadine Syrup
   紅石榴糖漿
2. 1/5 Brown Crème de Cacao
   深可可酒
3. 1/5 Green Crème de Menthe
   綠薄荷香甜酒
3. 1/5 Triple Sec白柑橘香甜酒
4. 1/5 Brandy白蘭地
   （皆以杯皿容量9分滿為準）

杯器皿

Liqueur Glass 香甜酒杯

Tips

白蘭地需要以 Free Pour 的方式或
用量酒器量取，慢慢倒入最上層。

分層法

C11-1
Rainbow
彩虹酒

材料

1. 1/7 Grenadine Syrup
   紅石榴糖漿
2. 1/7 Crème de Cassis
   黑醋栗香甜酒
3. 1/7 White Crème de Cacao
   白可可香甜酒
4. 1/7 Blue Curacao Liqueur
   藍柑橘香甜酒
5. 1/7 Campari金巴利酒
6. 1/7 Galliano義大利香草酒
7. 1/7 Brandy白蘭地
   （皆以器皿容量9分滿為準）

杯器皿

Liqueur Glass 香甜酒杯

Tips

白蘭地需要以 Free Pour 的方式或
用量酒器量取，慢慢倒入最上層。

C14-6
Angel's Kiss
天使之吻

材料

1. 3/4 Brown Crème de Cacao
   深可可香甜酒
2. 1/4 Cream奶精
   （皆以杯器皿容量9分滿為準）

裝飾物

Cherry櫻桃

杯器皿

Liqueur Glass 香甜酒杯

Tips

櫻桃必須與奶精接觸到

分層法

八、壓榨法(Muddle)

　　這種調酒技巧可以達到兩種效果：可以從固體物料中萃取出汁液或味道，也能使固體物料成為液體狀、果泥狀，事前準備如圖 11-7 所示。以 C2-6 Mojito 莫西多為例。

圖 11-7　壓榨法(Muddle)事前準備

準備工作

洗手

擦乾

步驟

用手將薄荷葉拍打

薄荷葉放入杯中

放入檸檬角（切成 4 塊的新鮮萊姆）

把糖包拆開倒入糖

用量酒器量取 15ml 新鮮萊姆汁

用搗碎棒左右轉動，直到固體材料榨出汁液或呈現液體狀態。

把冰塊放入碎冰機，將冰塊攪碎

用吧叉匙將碎冰塊放入杯中

以 Free Pour（或用量酒器）倒入 45ml 白蘭姆酒

倒入蘇打水至 8 分滿

用吧叉匙攪拌

貼心小叮嚀

1. 攪拌棒是一種無氣孔的木質或錫質器具。
2. 將材料擠壓搗碎，而不是用敲打的方式。

放上薄荷枝

將成品置於杯墊即完成

C2-6
Mojito 莫西多

材料

1. 45ml White Rum白蘭姆酒
2. 30ml Fresh Lime Juice
   新鮮萊姆汁
3. 1/2 Fresh Lime Cut Into
   4Wedges新鮮萊姆切成4塊
4. 12 Fresh Mint Leaves
   新鮮薄荷葉
5. 8g Sugar糖包
6. Top with Soda Water
   蘇打水8分滿

裝飾物

Mint Sprig薄荷枝

杯器皿

Highball Glass高飛球杯

11-2　以調製法分類的雞尾酒 Cocktail

以調製法將雞尾酒 Cocktail 做分類，如表 11-1 所示：

表11-1　以調製法分類雞尾酒Cocktail

品名	義式咖啡機 Espresso Machine	調製雞尾酒Cocktail					
類別	義式咖啡機 Espresso Machine	直接注入法 Build	攪拌法 Stir	搖盪法 Shake	電動攪拌法/ 霜凍法 Blend/ Frozen	分層法 Layer	注入法 Pour
C1	Latte Art Heart 咖啡拉花—心形奶泡（圖案需超過杯面三分之一）	Hot Toddy 熱托地	Manhattan 曼哈頓（製作三杯）	Expresso Daiquiri 義式戴吉利 Planter's Punch 拓荒者賓治			Mint Frappe 薄荷芙萊蓓
C2	Latte Art Rosetta 咖啡拉花—葉形奶泡（圖案之葉片需左右對稱至少各 5 葉以上）	Mojito 莫西多		Cool Sweet Heart 冰涼甜心	Banana Batida 香蕉巴迪達 (Blend)		

（續下頁）

（承上頁）

品名	義式咖啡機 Espresso Machine	調製雞尾酒Cocktail					
類別	義式咖啡機 Espresso Machine	直接注入法 Build	攪拌法 Stir	搖盪法 Shake	電動攪拌法/ 霜凍法 Blend/ Frozen	分層法 Layer	注入法 Pour
C2				 Dandy Cocktail 至尊雞尾酒 White Stinger 白醉漢 （製作三杯）			
C3	Latte Art Heart 咖啡拉花—心 形奶泡（圖案 需超過杯面三 分之一）	Irish Coffee 愛爾蘭咖啡	Dry Manhattan 不甜曼哈頓 （製作三杯）	Gin Fizz 琴費士 Stinger 醉漢		Pausse Café 普施咖啡	

（續下頁）

（承上頁）

品名	義式咖啡機 Espresso Machine	調製雞尾酒Cocktail					
類別	義式咖啡機 Espresso Machine	直接注入法 Build	攪拌法 Stir	搖盪法 Shake	電動攪拌法/ 霜凍法 Blend/ Frozen	分層法 Layer	注入法 Pour
C4	Latte Art Heart 咖啡拉花—心 形奶泡（圖案 需超過杯面三 分之一）	Salty Dog 鹹狗 Negus 尼加斯		Ginger Mojito 薑味莫西多 Golden Dream 金色夢幻 （製作三杯）		B-52 Shot B-52 轟炸機	
C5	Latte Art Heart 咖啡拉花—心 形奶泡（圖案 需超過杯面三 分之一）	Tequila Sunrise 特吉拉日出 Americano 美國佬		Captain Collins 領航者可林 Pink Lady 粉紅佳人 （製作三杯）	Coffee Batida 巴迪達咖啡		

（續下頁）

飲料與調酒

（承上頁）

品名	義式咖啡機 Espresso Machine	調製雞尾酒Cocktail					
類別	義式咖啡機 Espresso Machine	直接注入法 Build	攪拌法 Stir	搖盪法 Shake	電動攪拌法/ 霜凍法 Blend/ Frozen	分層法 Layer	注入法 Pour
C6	Latte Art Heart 咖啡拉花—心 形奶泡（圖案 需超過杯面三 分之一）			Jack Frost 傑克佛洛斯特 Viennese Espresso 義式 維也納咖啡 Silver Fizz 銀費士 Kamikaze 神風特攻隊 （製作三杯）			Mimosa 含羞草

（續下頁）

（承上頁）

品名	義式咖啡機 Espresso Machine	調製雞尾酒Cocktail					
類別	義式咖啡機 Espresso Machine	直接注入法 Build	攪拌法 Stir	搖盪法 Shake	電動攪拌法/ 霜凍法 Blend/ Frozen	分層法 Layer	注入法 Pour
C7	Latte Art Heart 咖啡拉花—心 形奶泡（圖案 需超過杯面三 分之一）	Long Island Iced Tea 長島冰茶 White Russian 白色俄羅斯	Dry Martini 不甜馬丁尼	Sanger 聖基亞 Grasshopper 綠色蚱蜢 （製作三杯）			
C8	Latte Art Heart 咖啡拉花—心 形奶泡（圖案 需超過杯面三 分之一）	Frenchman 法國佬 John Collins 約翰可林		Egg Nog 蛋酒 Orange Blossom 橘花 （製作三杯）	Brazilian Coffee 巴西佬咖啡 (Blend)		

（續下頁）

（承上頁）

品名	義式咖啡機 Espresso Machine	調製雞尾酒Cocktail					
類別	義式咖啡機 Espresso Machine	直接注入法 Build	攪拌法 Stir	搖盪法 Shake	電動攪拌法/ 霜凍法 Blend/ Frozen	分層法 Layer	注入法 Pour
C9	Latte Art Rosetta 咖啡拉花—葉形奶泡（圖案之葉片需左右對稱至少各5葉以上）	Black Russian 黑色俄羅斯		Sherry Flip 雪莉惠而浦 Blue Bird 藍鳥 （製作三杯）	Pina Colada 鳳梨可樂達		Kir Royale 皇家基爾
C10	Latte Art Rosetta 咖啡拉花—葉形奶泡（圖案之葉片需左右對稱至少各5葉以上）	Screw Driver 螺絲起子	Gin & IT 義式琴酒 （製作三杯）	Vanilla Espresso Martini 義式香草馬丁尼 Classic Mojito 經典莫西多			

（續下頁）

（承上頁）

品名 類別	義式咖啡機 Espresso Machine	調製雞尾酒Cocktail					
	義式咖啡機 Espresso Machine	直接注入法 Build	攪拌法 Stir	搖盪法 Shake	電動攪拌法/ 霜凍法 Blend/ Frozen	分層法 Layer	注入法 Pour
C10				 Golden Rico 金色黎各			
C11	 Latte Art Rosetta 咖啡拉花—葉 形奶泡（圖案 之葉片需左右 對稱至少各 5 葉以上）	 God Father 教父	 Perfect Martini 完美馬丁尼 （製作三杯）	 Side Car 側車	 Blue Hawaiian 藍色夏威夷佬 (Blend)	 Rainbow 彩虹酒	
C12	 Latte Art Rosetta 咖啡拉花—葉 形奶泡（圖案 之葉片需左右 對稱至少各 5 葉以上）	 Bloody Mary 血腥瑪麗		 Mai Tai 邁泰 White Sangria 白色聖基亞	 Frozen Margarita 霜凍瑪格麗特 (frozen) （製作三杯）		

（續下頁）

（承上頁）

品名	義式咖啡機 Espresso Machine	調製雞尾酒Cocktail					
類別	義式咖啡機 Espresso Machine	直接注入法 Build	攪拌法 Stir	搖盪法 Shake	電動攪拌法/ 霜凍法 Blend/ Frozen	分層法 Layer	注入法 Pour
C12				Vodka Espresso 義式伏特加			
C13	Latte Art Rosetta 咖啡拉花—葉 形奶泡（圖案 之葉片需左右 對稱至少各5 葉以上）	Cuba Libre 自由古巴		New York 紐約 Brandy Alexander 白蘭地 亞歷山大 （製作三杯） Amaretto Sour 杏仁酸酒			

（續下頁）

（承上頁）

品名	義式咖啡機 Espresso Machine	調製雞尾酒Cocktail					
類別	義式咖啡機 Espresso Machine	直接注入法 Build	攪拌法 Stir	搖盪法 Shake	電動攪拌法/ 霜凍法 Blend/ Frozen	分層法 Layer	注入法 Pour
C13				Jalisco Expresso 墨西哥 義式咖啡			
C14	Latte Art Rosetta 咖啡拉花─葉 形奶泡（圖案 之葉片需左右 對稱至少各 5 葉以上）	Apple Mojito 蘋果莫西多		New Yorker 紐約客 （製作三杯）	Kiwi Batida 奇異果巴迪達	Angel's Kiss 天使之吻	Bellini 貝利尼
C15	Latte Art Rosetta 咖啡拉花─葉 形奶泡（圖案 之葉片需左右 對稱至少各 5 葉以上）	Harvey Wall banger 哈維撞牆	Apple Manhattan 蘋果曼哈頓	Porto Flip 波特惠而浦 Cosmopolitan 四海一家 （製作三杯）			

（續下頁）

（承上頁）

品名	義式咖啡機 Espresso Machine	調製雞尾酒Cocktail					
類別	義式咖啡機 Espresso Machine	直接注入法 Build	攪拌法 Stir	搖盪法 Shake	電動攪拌法/ 霜凍法 Blend/ Frozen	分層法 Layer	注入法 Pour
C15				 Jolt'ini 震撼			
C16	 Latte Art Rosetta 咖啡拉花—葉 形奶泡（圖案 之葉片需左右 對稱至少各 5 葉以上）	 Caipirinha 卡碧尼亞 Caravan 車隊	 Gibson 吉普森	 Singapore Sling 新加坡司令 Flying Grasshopper 飛天蚱蜢 （製作三杯）			
C17	 Latte Art Rosetta 咖啡拉花—葉 形奶泡（圖案 之葉片需左右 對稱至少各 5 葉以上）	 Horse's Neck 馬頸	 Rob Roy 羅伯羅依 （製作三杯）	 Whiskey Sour 威士忌酸酒	 Banana Frozen 霜凍 香蕉戴吉利		 Kir 基爾

（續下頁）

（承上頁）

品名	義式咖啡機 Espresso Machine	調製雞尾酒Cocktail					
類別	義式咖啡機 Espresso Machine	直接注入法 Build	攪拌法 Stir	搖盪法 Shake	電動攪拌法/ 霜凍法 Blend/ Frozen	分層法 Layer	注入法 Pour
C18	Latte Art Rosetta 咖啡拉花—葉 形奶泡（圖案 之葉片需左右 對稱至少各 5 葉以上）	Old Fashioned 古典酒	Rusty Nail 銹釘子 （製作三杯）	Sex on the Beach 性感沙灘 Strawberry Night 草莓夜 Tropic 熱帶			

創意特調雞尾酒

在各式餐酒館、酒吧或Pub，雞尾酒名琳瑯滿目、花樣百變，喝雞尾酒的人，往往有不同的特殊偏愛，有些人特別鍾愛雞尾酒活潑多變的顏色，如創意調酒「繽紛女巫」以Test tube試管6支盛裝綻放黃、藍、黃、綠色調酒的繽紛色彩；「Margarita瑪格麗特」酒杯杯口的鹽圈，配上濃烈的龍舌蘭酒，是喜歡追求墨國風情的人經常點用的酒款；喜歡冒險，喜愛追尋刺激的人則必點「Kamikaze神風特攻隊」。而古巴人氣最高的調酒「Mojito莫西多」也是PUB暢銷雞尾酒的Top1當中新鮮薄荷葉放入杯中，如搗藥般搗碎，酸澀清新的甜香飄出，充滿夏天清新的魅力。

學習重點

認識創意調酒與PUB暢銷雞尾酒Top10

Top1　Mojito莫西多

Top2　Long Island Iced Tea長島冰茶

Top3　Kamikaze神風特攻隊

Top4　Sex on The Beach 性感沙灘

Top5　Margarita 瑪格麗特

Top6　Cosmopolitan四海一家

Top7　Whisky Coke威士忌可樂

Top8　Martini 馬丁尼

Top9　B-52 Shot B-52轟炸機

Top10　Side Car側車

12-1　創意特調雞尾酒

　　創意調酒是在經典調酒的基礎上加以發揮，如在色澤上大膽創新的搭配，或杯器皿的突破選用，例如繽紛女巫以 Test tube 試管 12 支盛裝綻放黃、藍、黃、綠色調酒的繽紛色彩；或以裝飾物和材料營造出女性微醺的浪漫，都有無限想像空間。以下舉 3 款創意調酒：

一、Love Portion愛情魔藥

調製法
Shake搖盪法

材料
1. 30ml Strega女巫利口酒
2. 60ml Rose Tea玫瑰花茶
3. 15ml Lemon Juice檸檬汁
4. 15ml Rose Syrup玫瑰果露

裝飾物
7-8片玫瑰花瓣

杯器皿
Cocktail Glass雞尾酒杯

二、Profusion Strega繽紛女巫

調製法
Blend電動攪拌法

材料
1. 30ml Strega女巫利口酒
2. 20ml Lemon Juice檸檬汁
3. 5ml Grenadine Syrup紅石榴糖漿
4. 5ml Blue Triple Sec Syrup藍柑橘果露
5. 5ml奇異果果露
6. 5ml百香果果露
7. 5ml綠薄荷果露

裝飾物
碎冰

杯器皿
Test tube試管12支

三、Strega Mojito女巫莫西多

調製法

Muddle壓榨法

Build直接注入法

材料

1. 30ml Strega女巫利口酒
2. 1/2 Fresh Lime Cut Into 4Wedges新鮮
萊姆切成4塊
3. 12 Fresh Mint Leaves新鮮薄荷葉
4. 8g Sugar糖包
5. Top with Soda Water蘇打水8分滿

裝飾物

Mint Sprig薄荷枝

杯器皿

Collins Glass可林杯

Top1
Mojito 莫西多

調製法

Muddle 壓榨法

Build 直接注入法

材料

1. 45ml White Rum白蘭姆酒

2. 30ml Fresh Lime Juice新鮮萊姆汁

3. 1/2 Fresh Lime Cut Into 4 Wedges
   新鮮萊姆切成4塊

4. 12 Fresh Mint Leaves新鮮薄荷葉

5. 8g Sugar糖包

6. Top with Soda Water蘇打水8分滿

裝飾物

Mint Sprig 薄荷枝

杯器皿

Highball Glass 高飛球杯

Top2
Long Island
Iced Tea
長島冰茶

調製法
Build 直接注入法

材料
1. 15ml Gin琴酒
2. 15ml White Rum白色蘭姆酒
3. 15ml Vodka伏特加
4. 15ml Tequila特吉拉
5. 15ml Triple Sec白柑橘香甜酒
6. 25ml Fresh Lemon Juice新鮮檸檬汁
7. Top with Cola可樂8分滿

裝飾物
Lemon Peel 檸檬皮

杯器皿
Collins Glass 可林杯

Top3
Kamikaze
神風特攻隊

調製法

Shake 搖盪法

材料

1. 30ml Vodka 伏特加
2. 30ml Triple Sec 白柑橘香甜酒
3. 30ml Fresh Lime Juice 新鮮萊姆汁

裝飾物

Lemon Wedge 檸檬角

杯器皿

Old Fashioned Glass
古典酒杯

Top4
Sex on
The Beach
性感沙灘

調製法

Shake 搖盪法

材料

1. 40ml Vodka伏特加
2. 20ml Peach Liqueur
   水蜜桃香甜酒
3. 40ml Orange Juice
   柳橙汁
4. 40ml Cranberry Juice
   蔓越莓汁

裝飾物

Orange Slice 柳橙片

杯器皿

Highball Glass 高飛球杯

Top5
Margarita
瑪格麗特

調製法
Blend 電動攪拌法

材料
1. 35ml Tequila 特吉拉
2. 20ml Triple Sec
   白柑橘香甜酒
3. 15ml Fresh Lime Juice
   新鮮萊姆汁

裝飾物
Salt Rimmed

杯器皿
Margarita Glass 瑪格麗特

Top6
Cosmopolitan
四海一家

調製法

Shake 搖盪法

材料

1. 40ml Citron Vodka 檸檬伏特加
2. 15ml Triple Sec 白柑橘香甜酒
3. 15ml Fresh Lime Juice 新鮮萊姆汁
4. 30ml Cranberry Juice 蔓越莓汁

裝飾物

Lime Slice 萊姆片

杯器皿

Cocktail Glass 雞尾酒杯

Top7
Whisky
Coke
威士忌可樂

調製法

Build 直接注入法

材料

1 .30ml Whisky 威士忌

2. Top with Cola 可樂 8 分滿

裝飾物

無

杯器皿

Highball Glass 高飛球杯

Top 8
Martini
馬丁尼

調製法

Stir 攪拌法

材料

1. 45ml Gin 琴酒
2. 15m Dry Vermouth
   不甜苦艾酒

裝飾物

青橄欖 Olive

杯器皿

Martini Glass 馬丁尼酒杯

Top 9
B-52 Shot
B-52 轟炸機

調製法

Layer 分層法

材料

1. 20ml Kahlua
   卡魯哇咖啡香甜酒
2. 20ml Bailey's Irish Cream
   貝里斯奶酒
3. 20ml Grand Marnier
   香橙干邑香甜酒

裝飾物

無

杯器皿

Shot Glass 烈酒杯

Top 10
Side Car
側車

調製法
Shake 搖盪法

材料
1. 30ml Brandy 白蘭地
2. 15ml Triple Sec
   白柑橘香甜酒
3. 30ml Fresh Lime Juice
   新鮮萊姆汁

裝飾物
Lemon Slice 檸檬片或皮

杯器皿
Cocktail Glass 雞尾酒杯

咖　啡

近幾年，台灣咖啡店迅速擴張，咖啡熱潮風起雲湧，根據統計：2011年全台共有540萬的咖啡人口，每年咖啡的消費金額高達135億元，這股魔力也吸引更多年輕人競相投入咖啡的異想世界。

咖啡的國際性賽事琳瑯滿目，以2016年為例，世界烘豆暨咖啡師大賽就有6大賽事，包括世界盃咖啡大師、WCE世界盃烘豆大賽、WCE世界盃沖煮大賽、WCE世界盃拉花大賽、世界盃杯測師大賽、TISCA全國烘豆競賽等，而台灣選手在國際賽事上亦經常奪得佳績，例如「2016世界盃咖啡大師比賽」(World Barista Championship, WBC)，「台灣咖啡大師」吳則霖擊敗各國選手奪得世界第一名，這是有史以來台灣選手參加這項比賽的最好成績。「世界盃咖啡大師比賽」2016年為第17屆，可說是全球咖啡界的奧林匹克，象徵著咖啡達人的最高榮耀。

學習重點

1. 認識咖啡豆的生長及原貌。
2. 瞭解咖啡的原生種和各產地的特色。
3. 瞭解咖啡豆從採收到處裡的方法。
4. 探索咖啡烘焙的奧秘與學問。
5. 瞭解咖啡主要的沖煮方式及流程。
6. 瞭解咖啡職人杯測師與烘豆師的技藝。

13-1 咖啡的基本知識－認識咖啡豆

　　很多人喝過咖啡，但卻沒看過咖啡樹，也不知道原來咖啡的果實顏色是咖啡櫻桃的紅色。咖啡樹是生長於熱帶高地的小灌木，咖啡的果實最初是暗綠色，隨著日益成熟變成黃色、紅色，最後會成為和櫻桃般相似漂亮的紅色果實，其果肉具有甘美的味道，故又稱為咖啡櫻桃（圖 13-1）。

　　除去果肉，種子為內果皮所包，一般而言，咖啡的果實是由兩顆橢圓形的種子相對組成的，具有真正價值的是其更加成熟的果實種子。

　　我們喝的咖啡 (coffee) 則是採用經過烘焙的咖啡豆（咖啡屬植物的種子）所製作出來的飲料，通常為熱飲，但也有作為冷飲的冰咖啡。咖啡具有特殊香味，是人類社會流行範圍最為廣泛的飲料之一，也是重要的經濟農作物。

圖13-1　咖啡的果實是紅色或黃色，熟稱咖啡櫻桃

一、咖啡樹的生長地區

　　全球咖啡樹生長的地帶，集中在南北迴歸線間的區域，稱為「咖啡帶」(Coffee Belt) 或「咖啡區」(Coffee Zone)，該區域有較多肥沃的有機質土壤，平均氣溫 20℃ 左右，平均年雨量 1,000 至 2,000 公厘之間，是最理想的咖啡生長產地。全世界咖啡主要種植區集中在非洲、中南美、東南亞、大洋洲和加勒比海（圖 13-2）。

世界咖啡生產國

■ 鮮紅色地名，表示一般咖啡生產國家或地區。
■ 暗紅色國名，是依據「國際咖啡組織」2000年至05年統計，咖啡生產量居於前15名的國家。

1. 地圖部分依據2005年世界政區圖繪製。
2. 咖啡生產國資料，首先參考國際咖啡組織（International Coffee Organization, ICO）網頁，復經台中市「歐舍咖啡」增刪。
3. 咖啡生產國的中文譯名，參考「奇摩網路字典」、「外交部網站」，以及圖中地理課本。

圖13-2　世界咖啡的生產地區

319

二、咖啡的品種

　　目前最主要栽種的咖啡原生種，且能夠生產出具有商品價值咖啡豆的僅有阿拉比卡種 (Arabica)、羅布斯塔種 (Robusta)、利比里亞種 (Liberica)，稱為咖啡的 3 大原生種。阿拉比卡占總產量的 80% 左右；羅布斯塔產量約占 20%，其香味、品質均較為優秀，本章介紹以這二種為主。不同品種的咖啡豆有不同的味道，但即便是相同品種的咖啡樹，在不同產地、土壤、氣候等因素下生長出的咖啡豆也各有其獨特的風味。

（一）阿拉比卡 (Arabica)

　　阿拉比卡種咖啡豆主要產地為南美洲（阿根廷與巴西部分區域除外）、中美洲、非洲、亞洲（包括葉門、印度、巴布亞新幾內亞的部分區域）。阿拉比卡咖啡豆生長在海拔較高的區域，喜歡溫和的白日和涼爽的夜晚，太冷、太熱或太潮濕的氣候對其生長都有致命的影響，不耐病害蟲害，對氣候土壤等種植條件要求很高，而肥沃的火山灰土壤則能孕育出優雅的風味特色。

　　阿拉比卡種咖啡豆是世界產量最多，也是最主要的品種，約占全世界咖啡產量的 2/3。其品質一般而言都相當優良，豆子形狀呈橢圓肩平型，味道香醇而品質較佳，油脂成分較多並具有濃郁的芳香氣息，咖啡因含量較少，無強烈的苦味，一般精品咖啡都是阿拉比卡種（圖 13-3）。

圖13-3　阿拉比卡種咖啡豆

（二）羅布斯塔 (Robusta)

　　羅布斯塔種咖啡豆屬低地栽培的咖啡豆，主要生產國是印度尼西亞、越南及以科特迪瓦、阿爾及利亞、安哥拉為中心的西非諸國，適應力強、產量大、抗蟲害但品質較差。

　　羅布斯塔種咖啡豆所含的油脂較少，特徵為味道較重，具強烈苦味，咖啡因含量為阿拉比卡種的 3 倍，羅布斯塔風味不如阿拉比卡，但產量高、生長速度快、抗病蟲害性好，種植要求也沒阿拉比卡高，適合作成混合咖啡，常被用作商業用豆（圖 13-4）。

圖13-4　羅布斯塔種咖啡豆

三、咖啡的產地與特性

咖啡品牌大都不是以品種，而是以產地來命名分類。巴西為世界最大咖啡產國，總產量世界第一，約占全球總產量的 1/3；僅次於巴西，位居第二的是哥倫比亞，生產量占世界總產量的 12%，但其咖啡醇度卻是最優的。以下就部份主要產地及其著名的咖啡來做說明：

（一）非洲

1. 衣索比亞

非洲是世界上最早發現阿拉比卡種咖啡樹的地方，其境內幾乎各處都在種植咖啡。其中東部高地哈拉 (Harra) 產有著名的哈拉摩卡，具有特別的葡萄酒香與酸味，和葉門摩卡相當，屬高品質的咖啡；南部的西達摩 (Sidamo) 和吉馬 (Djimmah) 亦是知名的咖啡產地，酸味方面較為清爽，帶有核果的香味。

在西達摩中有一個小區域，名叫耶加雪菲 (Yirgacheffe)，其所產的咖啡有著非常迷人的特色，帶有茉莉花及檸檬的香味，更有似蜂蜜般甜甜的特殊味道，風靡全球。衣索比亞知名的代表性咖啡是耶加雪菲。

2. 葉門

葉門生產的咖啡被稱為摩卡豆，事實上摩卡是一個咖啡出口港，附近東非的日曬豆早期都是從摩卡港輸出至世界各地的，也因此把這一帶（包含葉門及東非的衣索匹亞）生產的日曬豆統稱為摩卡豆。

相對於世界上大多數咖啡產地的水洗法，葉門則是擁有最高品質的自然日曬法咖啡生產國。葉門咖啡風味豐富、複雜狂放、醇厚又強勁的發酵味，蘊含鮮明的果香及酸味，被喻為咖啡中的紅酒，在深焙時具有特別明顯的巧克力味。有一種加入巧克力醬調味的花式咖啡，就直接以「摩卡咖啡」命名。

3. 肯亞

肯亞咖啡多栽種於西南部及東部的高原區，品種都是阿拉比卡種，且都是水洗咖啡，常見的有波旁 (Bourbon)、提比加 (Typica)、肯特 (Kents)、盧里 11(Riuri 11) 等 4 個品種。

肯亞咖啡豆口感豐厚且濃郁、酸度適中、具獨特核果香味，在淺焙時明亮的果香及果酸有人評為像水果茶，其獨特的風味很受歐洲人討喜，尤其英國人更是喜愛。肯亞知名代表性咖啡是肯亞 AA，其顆粒飽滿，口感豐富濃郁，頗受世人的好評。

4. 坦尚尼亞

坦尚尼亞的咖啡，多種植在非洲第一高峰吉力馬札羅火山海拔 5000 多公尺的山坡，約有 7 成是阿拉比卡種，採水洗法處理；而其餘 3 成的羅布斯塔種則採日曬法處理。

最早於 1893 年即引進波旁品系咖啡栽植，高海拔的坦尚尼亞咖啡，有典型的非洲豆特色，具有醇厚質感，所產的阿拉比卡種咖啡豆，尤其是 AA 級（大粒豆）為最優良的高級品，口感帶有濃厚的甘甜香氣。知名代表性咖啡是吉力馬扎羅咖啡。

5. 盧安達

象牙海岸在法國統治下，為刺激出口，咖啡隨同可可和棕櫚被大量地種植在海岸地帶，1960 年代咖啡的產量使象牙海岸成為僅次於巴西及哥倫比亞的第 3 大咖啡出口國。不過近年來由於氣候、經濟及咖啡樹老化減產等影響，其咖啡產量已不復往日榮景。

象牙海岸的咖啡幾乎全都是羅布斯塔種，僅有少數實驗性質的阿拉比卡種咖啡。羅布斯塔種的咖啡由於其特殊的味道及特性，大多使用於調合的即溶咖啡或罐裝咖啡等用途，不像精品咖啡可以直接飲用。

（二）中美洲

1. 瓜地馬拉

瓜地馬拉靠太平洋這一邊的 Sierra 山脈是瓜地馬拉咖啡的主要種植區，因為山脈綿延甚長，地區性氣候變化很大，造就了瓜國的 7 大咖啡產區，各有不同的風味及特色。其中以安堤瓜這個產區的咖啡因為微酸，香濃甘醇，略帶火山碳燒味的特色，使得瓜地馬拉的咖啡聞名於世界。

瓜國的咖啡屬阿拉比卡種，以水洗法處理，在較遠的西北方有一片薇薇特楠果 (Huehuetenango) 高地，因為海拔高於 5000 英呎，所產的咖啡具有高海拔咖啡質地堅硬，酸性較強且具豐富滋味的特色。知名代表性咖啡是安堤瓜 (Antigua)。

2. 哥斯大黎加

有「中美洲瑞士」之稱的哥斯大黎加，如同其它中美洲國家一樣，普遍種植阿拉比卡種的咖啡。主要種植的區域，多屬於高海拔的火山土壤，十分肥沃，且土壤排水性非常好。因為在高海拔的關係，哥斯大黎加的咖啡也具有較強的酸味，又因山區溫度較低咖啡樹生長較慢，帶有較複雜而不單調的滋味。

塔拉珠這個地區生產的咖啡，則因為帶有水果味及一些巧克力味或核果味的特殊風味，成為咖啡品嚐者非常喜愛的咖啡之一。

（三）南美洲

1. 巴西

巴西為世界最大咖啡產國，總產量世界第一，約占全球總產量的 1/3，巴西適合栽種咖啡的區域，地勢較平坦，咖啡園多數離海拔 1200 公尺以下，亦無大樹遮蔭。因採收時生熟漿果同時採下，不算是精品咖啡，且以曝曬式栽植法種樹，使得咖啡果子成長較快，風味發展不完全，豆子的硬度也不足，果酸味明顯較低，還有一股木頭味。

巴西的咖啡品質雖平均但較少極優的等級，其豆質較軟，烘焙過程中明顯不耐火候，巴西咖啡豆性屬中性，可單品來品嚐，但是較單調，苦、酸及香味不夠，適合和其他種類的咖啡豆相混成綜合咖啡，一般被認為是混合調配時不可缺少的咖啡豆。

2. 哥倫比亞

哥倫比亞為世界第 2 大咖啡輸出國，占全球產量的約 15%，其咖啡樹多種植於縱貫南北的 3 座山脈中，僅有阿拉比卡種。它的產量排名雖低於巴西，咖啡豆卻很品質優良，香味豐富而獨特，酸中帶甘、適中的苦味，無論是單飲或混合都非常適宜。

哥倫比亞豆與巴西豆同屬調和式咖啡基本豆的最佳選擇，但其風味則較巴西豆更為甘醇些，香氣也更濃厚，除單品品嚐外，也常見於調合咖啡，用來增加咖啡的甘味，調合其它咖啡的苦味。

（四）大洋洲

1. 夏威夷

可那 Greenwell 百年莊園的栽種歷史始於 1850 年，Greenwell 莊園除了自己所擁有的 150 英畝地外，還仔細挑選、收購 Kona 區域約 300 個農園的咖啡豆，並且在自家的處理廠細心的處理這些成熟果實，一來可確保咖啡品質，二來更可仔細的挑出瑕疵豆，這些高標準的要求在這 100 多年來獲得了國際間多方讚賞，同時也成為夏威夷咖啡的觀光勝地。

可那 (Kona) 具有相當好的油脂感，非常的滑潤順口，濃郁的咖啡香，適中的厚實感，又有一種清爽優雅的甜美，有著水果與太妃糖混和的甜味。知名代表性的咖啡是可那 (Kona)。

圖13-5 麝香貓(civet)

圖13-6 麝香貓咖啡(civet coffee)

圖13-7 近年台灣咖啡又開始大放異采（照片：賴冠宇提供）

（五）亞洲

1. 印尼

印尼生產咖啡豆的區域主要在爪哇、蘇門答臘、蘇拉維西等 3 個島，皆屬火山地形。一般認為印尼的咖啡豆香味濃厚而酸度低，略帶一點似中藥及泥土的味道。蘇門達臘 (Sumatra) 山區出產的曼特寧 (Mandheling) 世界聞名，質感豐富；爪哇島出產的羅布斯塔 (Robusta) 豆有獨特的氣味，因油脂豐富而常被用來作為義式濃縮咖啡的配方之一；蘇拉維西出產的咖啡則被評為有特別的草本氣息，深沉而乾淨。

特別的是，印尼山間有一種特別的動物叫作麝香貓 (civet)（圖 13-5），因為牠使得印尼出產一種幾乎是世界上最高價的咖啡：麝香貓咖啡 (civet coffee)（圖 13-6）。這種貓喜歡吃咖啡漿果，堅硬的咖啡豆因為無法消化最後會被排出來，在經過消化道的期間，咖啡豆經過發酵作用產生了一種獨特而複雜的香味，使得不少饕客喜歡這種具有特殊香氣的咖啡。

2. 台灣咖啡

最早的台灣咖啡種植於西元 1884 年（清光緒 10 年）由英國人引入後在台北縣三峽試種；日據時代，日本人看台灣氣候土壤適合咖啡，遂大量自國外引進阿拉比卡種咖啡樹，在北部試種成功後更陸續在知本、瑞穗大量投資種植；19 世紀中期台灣咖啡產量豐富、品質風味均達一定水準，曾造就了台灣咖啡的全勝時期（圖 13-7）。

之後曾一度沒落，直到近年台灣咖啡又開始大放異采，雲林古坑、台南東山、阿里山、惠蓀咖啡等地都有不錯的展現，2009 年台灣阿里山咖啡榮獲美國精品咖啡協會「年度最佳咖啡」第 11 名，是亞洲第一個打進金榜的咖啡產國；2012 年 2 月南投魚池鄉水晶礦咖啡獲得有精品咖啡教母之稱的娥娜·努森 (Erna Knutsen) 青睞，特地來台探訪，台灣咖啡的品質因此重新受到咖啡專家注意。但台灣目前栽種咖啡的產量實在太小，加上人工昂貴，還無法在國際咖啡版圖上競逐。

13-2　咖啡豆的處理法與烘焙

一、咖啡豆處理法

咖啡豆處理法就是從咖啡果實變成咖啡生豆的處理方式，大致可分為日曬法、水洗法和蜜處理 3 種。每一種處理法都源自於其不同產地的氣候與條件，各有優缺點和特色（圖13-8）。譬如咖啡的起源地阿拉伯半島，氣候乾燥，採用日曬法；但西印度群島沒有充分的日曬條件，因此大都採用水洗法；採用水洗法的咖啡豆，因為豆子較乾淨，沒有雜味，適合用手沖濾泡，也有不錯的酸度表現；至於日曬法的豆子，則保有較濃郁的果香，氣味較香醇，膠質也較豐富。分別說明如下：

圖13-8　每一種咖啡豆的處理法都源自於其不同產地的氣候與條件，各有優缺點和特色

（一）日曬法

日曬法又稱自然乾燥法，其作法是將採收好的果實未去除果肉，曝曬在陽光底下待乾燥後再行將果肉去除。日曬法是最原始又經濟的加工方法，早在 1000 多年前，阿拉伯人就以此法處理咖啡。在處理過程中，由於能發揮咖啡的天然甘味，幾乎所有巴西產的咖啡豆、衣索匹亞、葉門等地的咖啡豆都以此方法處理。日曬豆，味道自然香醇，有濃郁果香，富含較多果膠，可品嘗更醇厚的咖啡。

步驟：

1. 篩除浮豆：把收成的咖啡果實倒進大水槽裡，成熟飽滿的果實會沉入水底；發育不全或者過熟的果實會浮上水面，這些浮豆需加以剔除。
2. 日曬乾燥：將整顆連肉帶皮帶子的咖啡果實，放到曬豆場上去日曬，自然乾燥到含水量約12%，所需時間約2至4週，依據產地氣候而定。
3. 去殼：將完成自然乾燥的「果乾」，以去殼機器(hulling)打掉乾硬的果皮、果肉和羊皮層，生豆就完成了。

優點：

1. 簡單、處理成本低。
2. 生豆在果肉內自然乾燥，吸收果實精華，所以果香濃郁，甘甜明顯。

缺點：

1. 有些產區日曬處理沒有篩除浮豆，易摻入瑕疵豆和其他雜質，若疏於管理，會因果肉腐敗而發酵。

2. 乾燥過程果肉容易受天候影響，受潮而發霉。

3. 機器去殼不免傷及生豆，容易造成外觀缺陷。

（二）水洗法

　　水洗法是目前較普遍的生豆處理法，水洗豆約占全部咖啡總量的 70%，是西元 18 世紀由荷蘭人發明的技術，適合多雨地區。水洗法處理的咖啡味道明亮乾淨、酸味較強、稠度較弱、雜質較少。水洗豆，豆子較乾淨，無雜味，醇味高，有活潑的酸味（圖 13-9）。

圖13-9　水洗法

步驟：

1. 篩除浮豆（同日曬法）：將取下的果實投入水槽，此時，比較輕的未熟豆、雜物會浮出水面；成熟的則會沈於水槽底部。

2. 去果肉：設於水槽底部的排水口會將成熟的果和水一起排出，用果肉除去機除去果肉後，成為羊皮層 (parchment)。

3. 發酵去果膠：將除去果肉的果實送至發酵槽放置數小時，發酵的目的是為了使羊皮層的粘液性物質容易除去。

4. 乾燥：發酵後，利用水路送至乾燥場，經由水路充分的攪拌，讓達到羊皮層上的黏液性物質完全被洗清，再將洗清的咖啡豆用日光乾燥或機械烘乾。

優點：

1. 水洗法由於已除去果肉，所以在乾燥過程，不用像日曬法那樣，擔心容易發霉的問題。乾燥後的羊皮生豆，也不像含果肉果皮的日曬法那般的堅硬，可以用去殼機打磨去殼而得到生豆。

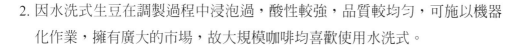

2. 因水洗式生豆在調製過程中浸泡過，酸性較強，品質較均勻，可施以機器化作業，擁有廣大的市場，故大規模咖啡均喜歡使用水洗式。

（三）蜜處理法

所謂蜜處理（西班牙文為 Miel Process），是指帶著黏膜進行日曬乾燥的生豆製成過程。蜜處理法與傳統水洗處理法相同，先將咖啡櫻桃厚厚的果皮去除後，保留其下方的黏質狀的果肉層 (mucilage)，接下來不利用發酵來去除黏質果肉層，反而讓它帶著這一層直接曬乾，而後直接去除黏質層及外殼 (parchment)。

蜜處理過程容易受到污染和黴害，需要全程嚴密看管，不斷翻動、加速乾燥，以避免產生不良的發酵味。好處在於能最好地保存咖啡熟果的原始甜美風味，令咖啡呈現淡雅的黑糖風味及核果香甜，漿果風味更支撐出紅酒基調的香氣，被認為是非常優雅的出品。

優點：

1. 蜜處理法的優點在於味道特色可增強咖啡的醇厚度(body)及甜度，相對降低其酸度(acidity)，而香氣(aroma)會較為細緻。

缺點：

1. 在曬乾的過程中，由於黏質狀的果肉層還在咖啡豆上，在初期的幾天裡必需高頻率的翻動，以免咖啡豆黏成一團，因此所需的人工的部分較一般水洗法來得多。
2. 若不能盡快曬乾，很容易就會過度發酵。
3. 若翻動不足，或整體環境過於潮濕太涼，或黏質狀的果肉層留得太厚，咖啡豆都會容易發霉，也因此一些咖啡莊園會用機器來控制留下黏質狀果肉層的厚度，讓咖啡豆能較快曬乾，其整體口感上的一致性也會較好
4. 比起濕處理法，它需要較大的空間，曬乾所需的天數也較長。
5. 蜜處理若執行不佳時，喝起來會有像洋蔥或蒜的辛香味等醋酸味。

二、咖啡烘焙(Roast)

咖啡生豆透過烘焙，可以釋放出咖啡特殊的香味，每一顆咖啡豆蘊藏其香味、酸味、甘甜和苦味。從生豆、淺焙、中焙到深焙，隨著水分一次次釋放，重量減輕，體積會慢慢膨脹鼓起，咖啡豆的顏色加深，芬芳的油質逐漸釋放出來，質地也變得爽脆。在生豆中，蘊涵大量的綠原酸，隨著烘焙的過程，綠原酸會逐漸消失，釋放出令人熟悉而愉悅的水果酸，如醋酸、檸檬酸和葡萄酒中所含的蘋果酸。

（一）烘培的基本原則

　　烘培最重要的是能夠將豆子的內、外側都均勻地炒透。首先是透過火力將豆中的水分順利地排出，此一步驟若太操之過急則會起斑點、味澀嗆人。咖啡的味道 80% 是取決於烘培，因此烘培是沖泡出好喝咖啡的重要程序。烘培的技術若好，豆會大而膨脹、表面無皺紋、光則均稱。將咖啡豆烘出其最大極限的特色，正是烘培的最終目標。

（二）咖啡的烘焙程度介紹

　　咖啡烘焙有多種火候，好的烘焙可以強化咖啡豆的特色風土條件與味道，烘焙深淺不同，味道會隨之改變，烘的程度過與不及，都會讓咖啡走味。詳細如表 13-1 所示：

表13-1　咖啡的烘焙程度一覽表

圖片	日系用語	美式術語	特徵描述	口感
	淺焙	Cinnamon 肉桂烘焙	當豆子迸發出第一聲輕響，體積同時膨脹，顏色呈現肉桂色，略帶香氣。因烘培的炒度極淺，也適合黑咖啡。	酸味強
	中淺焙	city 城市烘焙	咖啡豆呈現出優雅的褐色。中焙能保存咖啡豆的原味，又可適度釋放芳香，牙買加的藍山、哥倫比亞、巴西等單品咖啡，多選擇這種烘焙方法。	微酸明亮、喉韻口感最佳
	中焙	Full city 深城市烘焙	油脂開始浮出表面，豆子被烈火燙燒出油亮的深褐色，這時咖啡的酸、甜、苦味達到最完美的平衡點，咖啡豆的性格也被線條分明的刻劃出來。	口感沉穩、餘韻回甘，香氣飽滿
	中深焙	French 法式烘焙	屬強火的深度烘焙，咖啡豆呈深褐色，帶有濃郁的巧克力與煙燻香氣，歐洲（尤其以法國）最為盛行，最適合作歐蕾、維也納等與牛奶調製的咖啡。	香氣濃郁，具巧克力焦糖香氣口感
	深焙	Dark roast 義式烘焙	火候為所有烘焙法中最強，咖啡豆呈炭黑色，這時油脂已化為焦糖，苦盡回甘，餘味無窮，最適合強勁的義大利特濃咖啡 Espresso style coffee 使用	苦味強勁、口感濃郁

（註明：顏色僅作為參考）

13-3 　咖啡的沖煮方式

　　咖啡沖煮方式有好幾種，包括市場主流的 Espresso 義式機器沖煮式、享受美味咖啡也享受手沖過程樂趣的手沖咖啡法、曾流行半世紀的虹吸式（塞風壺）咖啡煮法、調製濃縮咖啡最簡便的摩卡壺 (Moka) 方式、外表像沖茶器般的法式濾壓壺，以及簡便的美式咖啡機煮法。

　　每一種咖啡沖煮方式都各有其不同之處，也都各有偏愛者，所有的咖啡沖煮法都是由研磨好的咖啡粉和熱水沖煮出來，本章介紹則以義式咖啡、手沖咖啡及虹吸式咖啡 3 種沖煮方式為主。

一、沖煮咖啡的基本原則

　　想要煮出一杯好咖啡，和所需咖啡粉的研磨粗細程度與選用的烹煮方法有關；水溫的選擇則與使用烹煮器具、咖啡豆種、咖啡豆烘焙程度都有相關，水溫過低，咖啡豆中的風味不能充分提取出來；水溫過高，萃取過度，口味惡化而常常偏苦。

　　煮好咖啡仍有其基本原則，以下歸納出 6 點：

1. **新鮮咖啡豆**：咖啡在烘焙後4至14日可稱為最佳賞味期，之後咖啡風味就會逐漸喪失，一般而言咖啡的保鮮期為30天，超過2個月就算過期，所以品嚐咖啡須掌握咖啡豆的新鮮度。

2. **正確的研磨**：咖啡研磨顆粒的粗細與均勻度會影響萃取的效果及風味。原則上咖啡粉愈細，泡煮時間愈長；咖啡濃度越濃，咖啡粉愈粗，泡煮時間愈短味道就愈淡。一般而言，義式咖啡適合使用精細研磨；手沖咖啡使用中細研磨；虹吸壺則使用中研磨，沖煮咖啡前依據沖煮咖啡的器具調整咖啡豆研磨的粗細程度，才能展現咖啡豆的完美風味。

3. **合適的水溫**：合式的水溫決定了一杯咖啡的香味，適合沖煮咖啡的水溫大約在85℃到95℃之間，而沖煮溫度的高低取決於咖啡豆烘焙的程度，深烘焙的豆子適合用較低的溫度沖煮；烘焙淺的的豆子則適合用較高的溫度；水溫過高的會變酸變澀；水溫太低又不易萃取出咖啡風味。須注意的是，手沖濾泡式沖泡法，在沖泡時間方面較其他沖泡法需要比較久的時間，在溫度上的控制更顯得重要，因此溫度計是必要的工具。

4. **良好的水質**：甘甜的水可以使咖啡的甜度提升，也可以影響到咖啡的氣味。比較常見的家用濾水器可以過濾自來水中的有害物質，並且能保留水中的礦物質，價格便宜、使用方便，在家中沖煮咖啡時，也可用濾水

壺過濾雜質，以提升咖啡的風味。若不喜歡使用過濾的自來水，也可使用乾淨的山泉水替代，但應盡量避免使用蒸餾水。

5. **沖煮時間**：咖啡的沖煮時間會隨著水溫、沖煮方式、季節、地點等因子改變，精確掌握咖啡沖煮時間，才能得到一杯美味的咖啡。例如熱沖煮時間過長，咖啡風味會帶有較多的苦味，且咖啡因的釋放量也會增加。

6. **器具清潔**：咖啡沖煮機具需要妥善保養和使用，咖啡沖煮機具在使用後必須盡速清洗乾淨、晾乾，並放置通風處、保持乾燥。咖啡與茶不一樣，不需要「養壺」，假若養了壺，下次沖煮咖啡時即便會發現咖啡的風味出現霉味或油酸味。

二、義式濃縮咖啡(Espress)沖煮法

義大利式濃縮咖啡，也就是我們常說的 Espresso，Espress 近幾年引領全球的流行，在台灣也成為風潮（圖 13-10）。Espresso 原來是指一種利用高壓的方式讓熱水快速的穿過咖啡粉，在短時間內將咖啡精華萃取出來的一種方法，濃度比一般咖啡高 3 倍的濃縮咖啡，是由 80℃ 到 96℃ 的熱水，以 8 到 9 個大氣壓的力道通過壓實的咖啡粉餅製成，通常一杯份只有 30 毫升，是常見咖啡中最濃的之一，帶有獨特的香氣和一層油脂 (Crema) 浮在表層，它可以單獨飲用，也可以進一步製成多種其他飲品。在台灣其實真正受到歡迎的不是 Espresso，而是由 Espresso 咖啡為基底所引伸出來的拿鐵、卡布其諾等各式調味咖啡、花式咖啡。

由於 Espresso 是以 8 至 9bar 的壓力，迫使熱水迅速的通過咖啡粉，故每杯咖啡的萃取時間大約只需 25 至 30 秒，節省大量的時間與成本，因水通過咖啡粉的時間極短，所以研磨刻度需細緻而穩定。一杯好的 Espresso 咖啡應該是濃度很強但不過度苦澀，搭配牛奶及牛奶泡沫就可得到一杯香濃的牛奶咖啡（Latte 或 Cappuccino）。

義式咖啡代表的是咖啡機械工藝的極致展現，目前是台灣咖啡市場上的主流，其沖煮的步驟十分繁雜，每一個步驟都會影響到義式濃縮咖啡的最終品質，所以瞭

圖13-10　義式咖啡機的一種

解義式濃縮咖啡的煮法，並且選擇最適當的咖啡豆十分的重要，尤其義式濃縮咖啡的特性，就是可以藉由煮出的成品進一步調配各種花式咖啡，所以瞭解最簡單最為基本的 Espresso 煮法，會讓您對咖啡的烹煮功力更上一層樓。一杯義式咖啡若沒有香濃的奶泡作伴，亦會讓咖啡少了一份濃郁的滋味，蒸氣量的控制技巧，都會影響奶泡的綿密細緻度。以下就義式濃縮咖啡沖煮步驟及奶泡製作的過程，分述於下：

義式咖啡調製的前置作業：

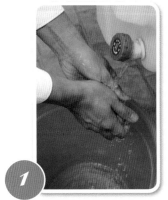

1

洗手

2

擦乾

3

以拉花鋼杯拿取 200ml 左右的鮮奶，站立於咖啡機前，鋪設紙巾。

（一）調製過程

1

填充咖啡粉

2

刮粉

3

整平咖啡粉

4

填壓咖啡粉

5

測試水壓

6

扣手把

7 萃取咖啡

8 萃取咖啡後,打開蒸氣閥開始加熱。

(二)奶泡製作

1 將蒸氣管噴頭斜放進牛奶一半位置,並靠近杯緣。

2 使牛奶產生漩渦狀

3 讓蒸氣和牛奶充分混合,產生出奶泡。

4 打完奶泡後,先以抹布擦拭蒸氣管。

5 將蒸氣管內殘餘的牛奶排出,並用抹布擦乾淨。

6 細緻綿密的奶泡完成了,緩慢的倒入義式濃縮咖啡中。

7 拉花

8 將咖啡成品放置成品區即完成

（三）善後處理

1 先取出填壓器

2 去除咖啡渣

3 排出水量進行沖洗

4 用抹布清潔咖啡機及工作區

DC01
Latte Art Heart
咖啡拉花—心形奶泡
（圖案需超過杯面三分之一）

調製法

義式咖啡機 Pour 注入法

材料

1. 30ml Espresso Coffee 義式咖啡 (7g)
2. Top with Foaming Milk 加滿奶泡

裝飾物

心型奶泡圖案

杯器皿

寬口咖啡杯

DC06
Latte Art Rosetta
咖啡拉花—葉形奶泡
（圖案之葉片需左右對稱至少各 5 葉以上）

調製法

義式咖啡機 Pour 注入法

材料

1. 30ml Espresso Coffee 義式咖啡 (7g)
2. Top with Foaming Milk 加滿奶泡

裝飾物

葉子奶泡圖案

杯器皿

寬口咖啡杯

三、手沖咖啡沖泡方式

使用濾紙滴落式沖泡咖啡，是一種方便、簡單又衛生的方法。要以最簡單的方式沖煮一杯滴濾式咖啡，只需要準備一個過濾器（在坊間許多咖啡館皆有販售，分耐熱塑膠、陶瓷及金屬等材質，可依個人喜好選購），接下來只要取一個平時使用的馬克杯，將濾杯放在杯子上，套上濾紙，再倒入研磨好的咖啡粉，準備一壺熱開水，就可以自己在家手沖一杯香濃好喝、熱騰騰的咖啡了。（圖 13-11）

圖13-11　使用濾紙滴落式沖泡咖啡，是一種方便、簡單又衛生的方法。（照片由賴冠宇提供）

濾紙滴落式的沖泡方式，主要是讓咖啡豆粉與熱水充分混合後，萃取出咖啡中的四味一香，再透過濾紙滴漏出來，此種方式能過濾咖啡中所含的脂肪、蛋白質及不良雜質，得到口感清爽的咖啡，在享受美味的同時兼顧健康（圖 13-12）。

(一) 手沖咖啡的小技巧

圖13-12　手沖咖啡簡單容易，也能在享受美味的同時兼顧健康（照片由劉俊佑提供）

1. **「站姿、握壺姿勢、繞圈沖水」**：以上是手沖咖啡最需注意的3件事，製作好的咖啡喝前應該先進行溫杯，這樣才不會讓咖啡迅速的變冷，導致味道變化。

2. **浸泡時間萃取效率**：浸泡時間越長、萃取效率越大，整體沖煮時間約3分鐘，可調整水柱大小盡量接近目標時間。

3. **水流**：沖泡濾泡式咖啡最大的技巧在於水流粗細、穩定度的控制。穩定適中的水流由濾器的中心點螺旋狀的往外繞，彷如一根攪拌棒均勻攪拌著咖啡粉與熱水，將所有濃醇甘美盡情釋放，如果你已經迷上了濾泡式咖啡沖泡法，不妨再添購一把造型優美的手沖壺，它最大的特色就是其細細長長的出水管，可以讓從未使用過的人也能輕易倒出細而穩定的水流，幫助你瞬間具有專業咖啡手的沖泡水準。

(二) 手沖咖啡沖泡方式過程

手沖咖啡不只是一種藝術也是一門科學，要手沖出一杯完美的咖啡，每個環節都是關鍵，水溫、注水速度與水流的平穩度都會影響一杯咖啡的口味。

1

將濾紙兩側縫線一前一後折

2

撐開濾紙，裝在過濾器內部並使之密合。

3

放入適量咖啡粉

4

第 1 次先注入一些熱開水，浸濕咖啡粉。

5

悶約 30 秒讓咖啡粉悶蒸均勻，隨後注入的水可溶出咖啡物質，增加香醇濃郁。

6

第 2 次注水由濾杯中間開始，由內而外以同心圓方式繞圈。

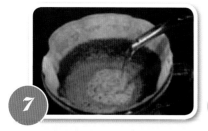

7

第 3 次要沖到一杯咖啡的量，此時泡沫漸白，多數的物質已被沖出。

8

然後將濾杯取下，置於碟子上。

9

將濾好的咖啡倒入溫好的咖啡杯中

10

擺上咖啡匙即完成

★ 飲調 知識庫 ★

手沖咖啡技巧

手沖咖啡最大的技巧在於，咖啡粉與濾紙的均勻度及穩定的水流速度控制，濾杯主要分為單孔、三孔和圓錐型，水流速度會有所不同。

1. 單孔濾杯：特點是孔小，流速較慢，適用於中深度烘焙咖啡，但因孔小容易堵塞。

2. 三孔濾杯：杯底有三個洞口，流速比單孔快，不易堵塞，可以很快的萃取，適用於各種烘焙度的咖啡豆。

3. 圓錐型濾杯：杯底單洞口，不會有濾孔被堵塞的困擾，適合各種烘焙度咖啡豆。咖啡粉比三孔的均勻，萃取出來的咖啡口感平衡，香氣較豐富，一般咖啡館較常用。

示範影片連結

影片由沛洛瑟咖啡店協助拍攝

四、虹吸式（塞風壺）咖啡沖煮法

在台灣早期的咖啡館年代，虹吸式（syphone，又稱塞風）咖啡壺扮演著舉足輕重的角色，虹吸式咖啡所展現出單品咖啡的純粹與香醇，曾緊緊吸引很多崇尚咖啡文化的族群的心（圖 13-13）。大抵而言，烹煮虹吸式咖啡需要較高的技術性和較繁瑣的程序，進入門檻也較高，在講求快速節奏的工商社會，放眼望去大都是講求速度的義式咖啡，想要在那種富有東方浪漫優雅情懷氛圍的咖啡館，享用一杯虹吸式咖啡壺煮的單品咖啡，必須特別蒐尋才找得到。

用虹吸式咖啡壺所萃取出的咖啡味道，最能將咖啡特色表現出來，尤其是單品咖啡豆，會隨著咖啡烘焙程度、水量、水溫、沖煮時間、攪拌，和咖啡研磨粗細度等因素影響，此時要特別注意水量、水質、火候，及咖啡粉的用量和粗細、攪拌、時間等，學問很大。

圖13-13　虹吸式（塞風壺）咖啡

飲調 知識庫

虹吸式咖啡壺的火源

虹吸式咖啡壺的火源，最早是使用酒精爐加熱，但若操作不慎，有可能會造成火災。有的咖啡館以專用瓦斯爐取代酒精爐，瓦斯爐的火力強，加熱快，火力又能調整，兩者都怕風，所以大都會以 L 型板擋風。現在「專用紅外線加熱爐」無需明火，解決了很多酒吧和咖啡廳不許用明火的麻煩，集熱效果佳，熱源穩定，不怕風及周圍環境影響。

虹吸式（塞風壺）咖啡沖煮步驟：

1 將下壺裝入熱水

2 將酒精燈點燃

3 上壺放入咖啡粉後，斜插入下座壺口。

4 當下座的水不斷從底部冒出大泡泡時，就表示水要沸騰了，這時可將上座插入並塞緊，沸騰時水便會緩慢沿著玻璃管上升。

5 然後以劃十字的方式翻動咖啡粉末，確認咖啡粉末和熱水已經均勻攪拌後，以順時針方向畫 1 至 3 圈。

6 開始計時，讓咖啡粉末和熱水在不攪動的狀態下，在上座內讓熱水去萃取咖啡粉，時間為 60 秒左右。

7 攪拌後便可關掉火源

8 熄火後，迅速以微濕的布蓋住下壺的上部，此時萃取好的咖啡會形成漩渦，加速向下流入下座。

9 一手握住上壺，一手握住下壺握把，輕輕左右搖晃上壺，即可將上壺與下壺拔開來。

10 將咖啡杯先用熱水預熱，將萃取好的咖啡倒入杯中。

11 放上咖啡匙即完成

示範影片連結

影片由沛洛瑟咖啡店協助拍攝

13-4 咖啡職人的競技場

　　根據統計，台灣人一年喝掉 600 萬杯的咖啡，一年的咖啡商機就有 600 億元。台灣投入這個產業的咖啡職人，對咖啡都充滿著無比熱情與憧憬，光是烘豆行業就有 1000 多人，密度水準均高，競爭力也很強，加上以咖啡為主的國際賽事近年蓬勃發展，台灣選手在國際舞台施展身手大秀美技，紛紛抱回大獎，為咖啡產業注入更多新氣象與活力。

　　2014 年國際咖啡比賽盛會上出現兩位台灣之光，一位是來自宜蘭的賴昱權，他 6 月在義大利舉行的 2014WCE (World Coffee Event) 世界盃烘豆大賽，打敗來自歐、亞洲等十餘位的烘豆高手，一舉贏得烘豆項目的冠軍寶座。另一位則是 5 月代表台灣到澳洲墨爾本參加咖啡杯測師大賽的劉邦禹，一舉奪下世界冠軍寶座，也是台灣第一位世界冠軍咖啡杯測師。

　　到底這些咖啡職人在咖啡產業中負責的工作是什麼？又需要具備什麼條件？

圖13-14　杯測是找出咖啡特性的重要技巧

一、杯測師－咖啡的守門員

　　咖啡杯測師是近十年的新興行業，相當於品酒師，需要靈敏的味覺、嗅覺，嚴格檢測咖啡豆的品質，再依各項指標評分，通常杯測都是在採購咖啡豆，直接於農場或莊園中進行，一般在種植到烘培的每個階段，都會透過杯測來確保咖啡的品質，而專家們在評定品質的過程就稱為杯測 (cupping)。杯測自 19 世紀末以來逐漸成為咖啡業界很專業審慎的一個基本技能，就像品選紅酒一樣，以客觀且總體性地判斷咖啡的甜味及酸味、苦味、後續餘韻和香氣、品質的優劣，所以杯測是找出咖啡特性的重要技巧，而「杯測師」則堪稱咖啡的守門員（圖 13-14）。

（一）進行杯測的原因

　　杯測是產地一個很重要生豆品質的檢驗方式，也是店家維持咖啡烘焙品質的重要方法之一。在國外咖啡農普遍都會杯測，因為種植、採摘、處理、烘焙都會左右咖啡的風味，經由杯測，農民才能了解自己所

栽種的咖啡豆優缺點，據以改進栽種或生豆處理、保存、烘焙等技術，採購業者及行家更會根據杯測結果決定是否採購。

而很多連鎖咖啡店，為確保每個分店或加盟店咖啡豆品質一致，會要求各分店烘焙的咖啡豆送回總部進行杯測，透過杯測來管控咖啡品質，以確定整個品牌體系的咖啡穩定度。

（二）杯測的進行步驟

所謂杯測法是一種對於咖啡豆的品評方式，將烘培過的新鮮咖啡豆研磨成粉，不經過任何沖煮技巧而直接呈現咖啡豆的原始風味，再透過乾香、濕香的聞香動作與實際品飲等方法，鑑賞咖啡豆的香氣（乾、濕香）、風味、醇厚度、餘韻、酸度、平衡感、甜度等，評價愈高，等級和價錢當然也愈高。

一般杯測法有以下 10 個步驟：

曾被媒體譽為澳洲最棒的咖啡廳Campos，其杯測體驗課程現場

1. 準備少許新鮮烘焙及立即研磨好的咖啡在一小杯子內。

2. 聞其味道及乾香。

3. 倒入約95℃的熱水，待其溫度略降後再倒入咖啡粉末（絕對不能用逆滲透水、蒸餾水甚至是海洋深層水，會因缺乏礦物質或其他因素造成咖啡走味）。

4. 湊前聞聞看隨蒸氣上升所傳來的香氣。

5. 將此杯樣品置放3至5分鐘後再由長湯匙攪拌。

6. 邊攪拌邊聞及評估蒸氣的芳香及濃度。

7. 將浮在表面的咖啡渣撈起丟掉。

8. 舀一湯匙沒有殘渣的咖啡啜吸入口中直達舌根，感受其氣味，讓咖啡在口中流動，並用舌頭感覺其稠度，感受在吞入喉嚨前味道是否依然強烈。

9. 將舌頭滑到口腔上緣去感受其質感及口感。

10. 在口中停留3至5秒後吐出，測量吐出的餘味是否殘存，能否回甘轉甜。

（三）咖啡杯測師的條件

咖啡杯測師 (Q Grader) 是負責為咖啡生豆進行專業評估，為個別批次作鑑定及評分的專業人員（圖 13-15）。杯測師在歐美各地均有國際認可，對從事咖啡批發人士、烘焙師及咖啡師的人來說，都十分重要。

當一位咖啡杯測師需具備以下幾個條件：

1. 作為一個杯測師，要鑽研咖啡相關知識，不僅要了解咖啡產區、栽種的海拔，還要瞭解烘焙的處理方式等知識。

2. 咖啡杯測師的職責，是要嚴格檢測咖啡豆的品質，制訂指標讓買家參考，因此需要擁有靈敏的味覺、嗅覺，分辨各地出產的咖啡豆酸度、甜度、平衡度、外觀和氣味等。

3. 杯測師要了解生產、種植、處理技術，給予生產者建議，並準備樣品給買家，出貨時要確保買家權益；每批咖啡進倉庫前都需杯測、分類。

4. 杯測師對產區不可有偏見，每種豆子都有其用途，每種味道都有買家，要了解各國的市場與喜好，也要必備分類與調配的能力。

圖13-15　咖啡杯測師(Q Grader)

二、烘豆師－高溫淬煉下的技藝

　　近年來，隨著平價咖啡館席捲市場以及大型連鎖店的衝擊，自家烘焙的趨勢儼然形成，因而有不少業者或個人投入烘豆的行列。烘豆其實並不如想像中浪漫，過程中必需耐得住鍋爐高溫的煎熬，但為什麼有那麼多人喜歡轉業當烘豆師呢？

　　過去烘豆大型機器的購置成本相當昂貴，加上烘豆技術只在父子或家族間流傳，想要自行烘焙咖啡的門檻過高，近幾年，業者自行開發製造或進口引入適用於門市的小型烘豆機，也讓烘豆變成一個比較容易自行摸索入行的領域（圖 13-16）。

圖13-16　自從業者自行開發製造或進口引入適用於門市的小型烘豆機後，烘豆便變成一個
比較容易自行摸索入行的領域。

（一）烘豆師需具備能力

　　烘豆要步步細心，一步都不能出錯，否則烘出來豆子的香味就會跑掉，更要累積無數多小時的烘豆實戰經驗，想成為烘豆師基本要具備以下幾種能力：

1. **生豆辨識能力**：理解生豆產地與知識，熟悉基本生豆及熟豆挑選的辨識能力，並理解烘焙節奏對其影響以及烘焙成熟點的差異。

2. **烘焙技術能力**：理解烘焙原理邏輯及烘焙過程各階段的變化，了解學習如何找到一支新的豆子的最佳烘焙度，並建立烘豆資料庫記錄所需注意的烘焙曲線與技巧，及在不同烘焙程度的過程中，風門、溫度、火力等控制要小心的地方，累積經驗降低烘豆的失敗率。

3. **咖啡杯測與配豆能力**：要有感官杯測能力，能在購買生豆時，獲得穩定的品質及各式處理法的特性；烘豆師也要理解配豆的邏輯，讓不同風味的咖啡可產生預期外的結果。

4. **單品咖啡專業沖煮技巧**：一杯完美的咖啡，要具備豆子好、烘得好、煮得好幾項要素，而烘豆師，就是咖啡的靈魂，更是幕後的無名英雄。

（二）烘豆的步驟

1. **挑豆**：烘豆前要將已被昆蟲蛀食過的死果實，如黑豆、碎豆、變色豆、過小或是過大的豆子等會影響烘培品質的豆子挑掉。

2. **確認計畫表**：烘焙是有計畫性的，不能隨興所至，需事先將要烘的咖啡品種、深淺程度、數量等列表，以求達到口味的預期要求。

3. **下豆**：下豆點與咖啡豆的風味特色及含水量相關。由淺入深依序為：淺、淺中、中、中深、深、極深，並從豆子下去的那刻起，計時約18分鐘烘完。

4. **吸熱**：豆子在這個階段開始吸熱，吸熱的時間長短各家咖啡店都有些許不同，也算是烘培師傅個人的手法。

5. **烘焙**：過程主要是觀色聽音，當出現有點像爆爆米花聲音的「第一爆」時，等爆完就代表咖啡豆熟了，經過3、4分鐘會有「第二爆」，聲音會像燒木柴一樣劈哩啪啦，完畢後，咖啡豆會變成常見的黑褐色。通常第一爆後就起鍋，屬於淺培；第二爆才結束為深培；而介於第一、第二爆間，為中淺培，此區段就有很多可能性可以試驗。

6. **取樣**：在烘焙過程中，可從烘豆機前方的取豆棒觀看豆色，依豆色評估咖啡豆的烘培程度，此舉會讓空氣跑入造成溫度降低，所以動作要快。

7. **冷卻**：通常烘培後咖啡豆內部仍有殘餘的熱度，這樣的熱度可能會使得咖啡豆的烘培程度轉趨更深，影響整體的咖啡口感，所以需要快速平均地將溫度降下。冷卻同時，再挑出不好的豆子。雖然在烘培前已經挑過豆子，但在烘培過程中仍然有可能出現破碎的咖啡豆，需要在此階段再次以手選挑除。

8. **裝盛**：等咖啡豆冷卻到摸起來冰冰涼涼時，就可以準備裝起來了。咖啡豆會排氣，不必特意用密封的盒子裝盛。

9. **試飲**：測咖啡最有趣的是烘完馬上喝，但此時會有一種毛躁的味道，喝完喉嚨會有澀感，有經驗的人會自動把此味道忽略，自然飲出咖啡滋味；也可以在烘焙完放個4、5天，毛躁味就會消失。

咖啡豆烘焙師幾乎是將咖啡豆視同手工藝品，要靠個人舌尖品味、操作經驗、及愛咖啡的生活態度，才能成就好作品，更要相信自己的舌頭，很多烘豆師為保持舌頭的靈敏，他們盡量不吃麻辣鍋，也不喝酒以免破壞味覺。從咖啡豆的味道、下豆的溫度、烘豆的時間，挑豆的準則等都非常要求，就是這樣凡事細心，才能沖泡出讓許多人都滿意的咖啡。

茶飲調製

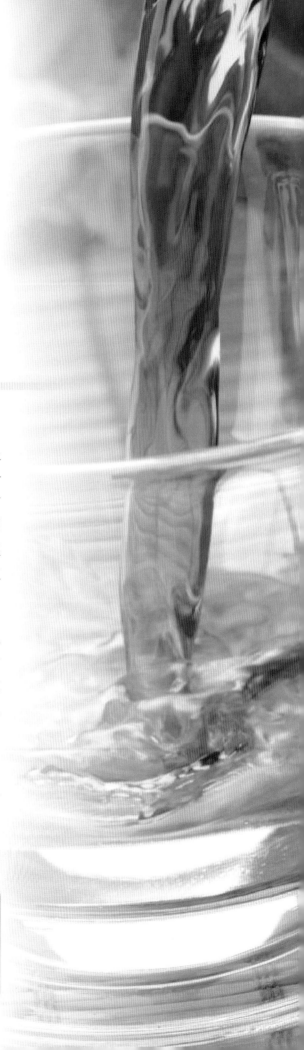

1991年台灣經濟起飛，國民所得提高，飲茶風氣興盛，茶葉非常受到國人喜愛，在供需不平衡的情況下，茶價不斷提高，使台茶在內銷市場維持了20多年的好光景。消費者在飲食大魚大肉之際，也意識到健康的重要性，因此無糖、低糖又方便的包裝茶遂取代碳酸飲料，一躍成為市場上的主流，當年開喜烏龍茶以「新新人類」和「開喜婆婆」等廣告話題，成功讓台灣年輕族群除了碳酸飲料之外，更能擁抱老祖宗喝茶的文化，也開啓了台灣影響亞洲廣大茶飲料的市場。

台灣茶文化，一定要透過茶藝館才能完整呈現，但現代人生活節奏快速，真正泡老人茶的人口實在太少了，多數人所喝的茶指的多是茶飲料。而茶飲料市場百家爭鳴、競爭非常激烈，所以需求的飲調人員很多，因為進入門檻低，各家產品也力求多元創意和差異化。

近幾年陸客來台，最愛買的伴手禮冠軍就是台灣本土高山茶葉，本章就讓我們好好認識台灣茶葉的分類與特色：以及衍生的茶飲市場和調製。

學習重點

1. 認識茶的分類及特性。
2. 瞭解茶的沖泡方法及基本要素。
3. 學習調味茶類別與基本花式調製。
4. 學習養生茶的認識及調製示範。

14-1　茶的分類及特性

台灣茶種豐富，從台北木柵、文山的鐵觀音，到桃竹苗東方美人茶、中部魚池紅茶、鹿谷凍頂烏龍茶、南部阿里山高山烏龍茶等，每一種茶滋味、韻味各不相同。1869 年台灣以福爾摩沙茶 Formosa Oolong Tea 外銷至美國紐約，打響台灣茶葉知名度，至今近 150 年歷史。近 10 年來由於環境的變遷、銷售型態的轉變及國內外市場之供需，製茶技術更是精益求精，茶葉種類更具多樣化（圖 14-1）。

圖14-1　茶園。茶在台灣相當受人喜愛

常聽說「生茶」、「熟茶」這類的名詞就是從茶葉焙火的程度而區分的。焙火程度可分為輕火、中火、重火 3 類，品茗界一般通稱輕火茶為「生茶」，中火茶為「半生茶」或「半熟茶」，重火茶為「熟茶」，例如文山包種茶屬半醱酵茶，經由焙火程度的多寡，可製成俗稱的生茶或熟茶。

一、認識台灣茶的類別與特色

市面上所見茶的名稱非常多，但綜合起來不外是綠茶、文山包種茶、半球型包種茶、高山茶、鐵觀音茶、白毫烏龍茶和紅茶等 7 種類別。依據製程中發酵（多酚類物質氧化）程度輕重主要可分不發酵茶、部分發酵茶、全發酵茶和後發酵 4 大類，這些茶類各有其特色。

其實以全球茶市來說，「紅茶」才是市場主流（佔 8 成以上），台灣聞名

的「高山烏龍茶」適合種茶的山頭只有幾個，產量非常有限。因此，在高山烏龍之外，海拔1,000 公尺以下、非高山茶的「紅茶」就成了台灣另一種特色茶，2006 年世界紅茶比賽中，花蓮瑞穗鄉蜜香紅茶就曾擊敗 15 國參賽者而奪得冠軍。分別簡述如下：

表14-1　台灣茶的類別與特色

類別	製程	特色說明	產區代表	示意圖
綠茶	不發酵	煎茶或龍井茶的茶葉外型似劍片狀，茶湯翠綠顯黃，滋味活潑，有清新爽口感。	台北縣三峽茶區的「龍井茶」以內銷為主；綠茶生產以桃園、新竹、苗栗及台北縣等茶區為主。	
文山包種茶	部分發酵	色澤翠綠，水色蜜綠鮮豔略帶金黃，香氣清香幽雅似花香，滋味甘醇滑潤帶活性。此類茶著重香氣，香氣愈濃郁品質愈高級。	新北市坪林、石碇、新店所產最負盛名。	
半球型包種茶	部分發酵	色澤墨綠，水色金黃亮麗，香氣濃郁，滋味醇厚甘韻足，飲後回韻無窮，是香氣與滋味並重的台灣特色茶。	溪頭風景區（海拔500～800公尺山區）、南投縣名間鄉、竹山鎮等茶區。	
鐵觀音茶	部份發酵	水色琥珀略紅，味濃而醇厚，微澀中帶甘潤，並有種純和的弱果酸味，尤以鐵觀音品種製造為上品。	台北市木柵茶區及台北縣石門鄉茶區。	
東方美人茶	部分發酵	原名白毫烏龍，又稱膨風茶，為台茶在世界的代表，芽尖帶白毫越多越高級，具濃郁果香甜美滑口。	新竹縣北埔、峨眉及苗栗縣頭屋、頭份一帶茶區所產最具特色。	

（續下頁）

（承上頁）

類別	製程	特色說明	產區代表	示意圖
高山茶	部分發酵	色澤翠綠鮮活，滋味甘醇，滑軟，厚重帶活性，香氣淡雅，水色蜜綠顯黃、耐沖泡。	嘉義縣、南投縣內海拔 1000～1300 公尺新興茶區。	
紅茶	全發酵	茶改場在 1999 年於南投縣魚池茶區推廣，具有天然內桂香和淡淡薄荷香的台茶 18 號，普受消費者喜愛。	由中部日月潭地區及花蓮瑞穗鄉的阿薩姆品種所製成的紅茶，香味特殊，品質最佳。	

二、依據產茶季節分類

　　台灣茶葉採收季節，一般分為春茶、夏茶、秋茶、冬茶 4 季，不同採茶時節的茶，對於茶葉品質影響很大，價格也有很大影響，例如冬茶與春茶是一年中品質最好的兩季茶。依產茶季節可以區分為下列茶種：

表14-2　依據產茶季節分類的茶種

類別	特性	時間
春茶	春季溫度適中，雨量充份，再加上茶樹經過了半年冬季的休養生息，使得春季茶芽肥碩、色澤翠綠、葉質柔軟，且含有豐富的維生素，特別是氨基酸。不但使春茶滋味鮮活且香氣宜人富有保健作用。	3 月下旬～5 月中旬
夏茶	天氣炎熱，茶樹新梢芽葉生長迅速，使得能溶解茶湯的水浸出物含量相對減少，特別是氨基酸及全氮量的減少，使得茶湯滋味、香氣多不如春茶強烈。由於帶苦澀味的花青素、咖啡因、茶多酚含量比春茶高，不但使紫色芽葉增加，色澤不一，而且滋味較為苦澀。	5 月初～7 月初
秋茶	秋季氣候條件介於春夏之間，茶樹經春夏二季生長、新梢芽內含物質相對，葉片減少且大小不一、葉底發脆、葉色發黃，滋味和香氣顯得比較平和。	8 月中後～10 月上旬
冬茶	秋茶採完後，氣候逐漸轉涼後生長的。冬茶新梢芽生長緩慢，內含物質逐漸增加，所以滋味醇厚，香氣濃烈。	10 月下旬

14-2　茶的沖泡方法及基本要素

喝茶習慣關係著泡茶方式，東方人喝茶的習慣與文化早就從幾千年前就開始流行了。早期喝茶人口以中老年居多，喝茶方式也以「品茗」為主，因此要品嚐一杯好茶，最要緊的是懂得茶葉沖泡的方法與要領（圖 14-2）。

用適當的沖泡方法，才可將各類茶的特色、茶湯顏色、滋味與香氣發揮出來；否則再好再名貴的茶，使用方法錯誤，便無法將其特色、滋味、香氣與喉韻表現出來。很多人不知道茶湯必須與茶葉分開才不會長久浸泡出苦澀味，也不能用很高的水溫一直泡著茶葉，這樣會讓茶到最後苦澀得難以下嚥。

<table><tr><td>★ 飲調 知識庫 ★

泡茶的水溫
細嫩芽葉焙度輕的包種茶以 80 至 85℃沖泡即可；烏龍（如清香型高山茶）以 85 至 90℃左右沖泡為宜；傳統中發酵中重焙度烏龍（如凍頂）則以 95℃為佳。泡茶水溫需看茶葉的特質決定用多少水溫。</td></tr></table>

圖14-2　品嚐一杯好茶，最要緊的是懂得茶葉沖泡的方法與要領

一、茶葉沖泡方法

茶葉沖泡最常見的方法可分為蓋杯式沖泡法、功夫泡法（小壺泡法）以及桶茶泡法 3 種，置茶量、水溫、沖泡時間是影響泡茶的 3 要件。蓋杯式沖泡法流行自清朝，先將茶葉放入杯中沖泡，主要是蓋杯有蓋子，能保留茶香，不讓香氣揮發散失。蓋杯另一優點是杯緣寬好就口，但飲用時必須一手端杯，一手拿蓋，撥開杯中茶葉，這種方法通常用在試茶或選茶時使用。白瓷壺或白瓷杯，因導熱快又不透氣的白瓷茶具，最能將包種茶清揚香氣表現出來。泡茶之前先溫壺，將茶壺或茶杯注入沸水，讓茶具保有溫度並清除雜氣味。泡出一杯好茶要注意以下幾點：

30 秒冷泡茶

突破傳統冷泡茶葉需要泡製 6 至 8 小時，只要將茶包放入常溫水中搖晃三十秒，即可立刻享用冷泡原茶茶葉裡面的茶氨酸，透過特殊的製造工序，在搖晃過程中能更快釋放出來。例如台大經濟系畢業的陳翊榮，以訴求自己喝的茶自己搖，創立了冷泡茶品牌 -「Teascovery 發現茶」（圖 14-3）。

圖14-3　即品冷泡茶

（一）茶量

　　若是放入包種茶葉大約為茶具的 6 分滿，可依個人口味酌量增減茶量。茶葉細碎、鬆散的量要稍多，緊密結實者，茶量要適中或少一點。用蓋杯和保溫杯、同心杯等，置茶量約 3 至 5 公克；大桶茶則依茶水比例沖泡：3 公克茶葉加 150 毫升的水；小壺泡茶，置茶量約 3/10 壺。各類型茶應依其外形條索，參考其特性作適當沖泡。

（二）水溫

1. **高溫（90℃以上）**：鐵觀音、凍頂、凍頂型烏龍、水仙、武夷、普洱查等中發酵或焙火較重、外觀緊結的茶，或陳年茶等外形較黑的茶。
2. **中溫（85℃至90℃）**：清茶或文山包種茶、椪風茶、香片、紅茶等，輕發酵茶、重發酵、細碎、有芽尖的茶類。
3. **低溫（75℃至85℃）**：龍井、碧螺春、銀豪、雀舌等綠茶類。

（三）沖泡時間

　　蓋杯、保溫杯或同心杯放 3 公克至 5 公克茶量，加 150 毫升的水，沖泡 5 至 6 分鐘。大桶茶依以上方法定茶量依茶葉外形條索緊密與鬆散，作彈性改變，緊結茶置 3/10；鬆散者置 1/2 壺身茶量，依小壺茶泡法操作：

1. **溫潤泡**：往壺裡沖入熱水，蓋上蓋後，立即倒掉。此步驟主要使茶葉吸收水分與熱氣，適當展開成含苞待放狀態，也有洗茶葉意味。
2. **第一泡**：15至30秒鐘。
3. **第二泡**：加15至20秒鐘（約30至50秒鐘）。
4. **第三泡**：加20秒鐘（約50至70秒鐘）。
5. **第四泡**：加30秒鐘（約90秒鐘）。

　　以上沖泡法可依各人品茶習慣和茶濃度，而調整沖泡時間。一般人飲用茶的濃度標準約 2 至 3%，故適當沖泡時間與方法，還是必要的，也適合大眾化口味的需要。

　　熟練泡茶技巧，將一板一眼的泡茶動作，慢慢簡化融入生活禪而不匠氣，也不刻意講究規矩，同時在融入中國四藝—琴、棋、書、畫的精神、儒學的思想，這才是中國人的茶藝精神（圖 14-4）。

圖14-4　中國人的茶藝精神值得我們學習

二、英式下午茶

在英國和愛爾蘭，「茶」(tea) 不僅指這種飲料的名稱，而是有下午便餐的意思，即下午茶。在英國 Tea 又分 Low-Tea（又稱 Afternoon Tea）和 High-Tea 2 種。Low-tea 通常多在 4 點左右開始，一般都會搭配著三明治、餅乾、水果塔蛋糕或司康餅（圖 14-5）；而 High-Tea 大部分源自於蘇格蘭地區，又指晚餐之意。

英國人多喝紅茶，茶種包括英國早餐茶 (English Breakfast Tea) 和格雷伯爵茶 (Earl Grey)，而由中國傳入的茉莉茶及日本傳入的綠茶，也成了英國茶的標準部分。英國人喝茶，頗成癖好，也十分隆重，早上一醒來，清晨 6 點，空著肚子就要喝「床茶」，上午 11 點再喝一次「晨茶」，午飯後又喝一次「下午茶」，晚飯後還要喝一次「晚茶」，一天起碼要喝 4 次。

聞名於世的英式下午茶是在 19 世紀時期由英國的貝特福特公爵夫人所發明的，因為當時的人晚餐時間較晚，每當到下午 4、5 點時貝特福特公爵夫人的僕人就會為她準備茶及一些麵包、牛油和蛋糕等點心，來消除晚餐前空腹的感覺。貝特福特公爵夫人發現這是一個很好的主意，從此之後每當到下午 4 點左右，貝特福特公爵夫人都會邀請一些親朋好友一起來共享下午茶。

圖14-5　Low-tea一般都會搭配著三明治、餅乾、水果塔蛋糕或司康餅

　　紅茶流傳至今，各地飲法變化多樣，隨季節、個人偏好，或飲用原味，或加料飲用，都相當適宜。以下介紹常見紅茶飲用的沖泡方法：

（一）壺泡法

　　英式紅茶的沖泡方式，茶葉與水的比例為：3公克紅茶，加入150毫升的水。先取適量茶葉置於陶瓷壺中，並加入等比例的沸水，待5分鐘後用濾茶器過濾茶渣後，再加入糖及牛奶或檸檬而喝。若是沖泡袋茶包，其茶葉容量一般約為2至3公克，沖入沸水150毫升，待5分鐘後取出茶袋即可飲用。英式紅茶沖泡步驟：

1. **溫壺：**以熱水溫壺及溫杯後倒掉。溫壺所用的水，可以趁水煮滾前，先取一些來溫壺，溫壺時，僅需倒入約1/3滿的水量即可，然後蓋上壺蓋靜置約2分鐘，要確定壺是否溫好了，可用手輕觸壺身，感覺溫度是否均勻。

2. **置茶：**將茶葉放入壺中，每1人份為3公克的茶葉及150毫升的水。如果沒有專用茶匙，或者對茶匙的取茶量不是很確定，可以利用電子秤先秤出所需的茶葉量。

3. **沖水：**沖入熱開水，靜置3至58分鐘使茶葉舒展。水注入茶壺時必須是滾開的。泡好茶最好攪動一下，更好的方式是搖晃一下茶壺，再讓茶葉慢慢沉澱。

4. **過濾：**用濾茶器過濾，將茶倒入杯中。在將泡好的茶在倒入杯中前，先將茶濾放在杯上，以過濾隨著茶水流出來的茶底。

5. **完成：**附上糖包及茶匙即可飲用。

（二）袋茶泡法

　　小袋茶泡法是現代的飲茶方法，極受現代都市人士的歡迎，尤其是上班一族，這是因為小袋茶泡只需以開水沖調即可飲用，泡法省時、方便、簡單。

1. **溫杯：**置入約150c.c的水，靜置2分鐘倒出。

2. **置茶：**1包小袋茶，約對150c.c的水量為宜，但如果多沖進一些水或放進兩袋茶，而使茶湯較為清淡或濃密，則隨個人喜愛而定。

3. **靜待：**泡小袋茶的時間，約以5分鐘為宜，在去袋飲用前，提袋震盪幾下，有助於茶湯的濃度，一般都只泡一次。

4. **拿出茶袋備飲：**享用小袋茶，在於簡便的沖泡法，飲用之前，把袋子提出，玻璃杯中澄清的湯色，會令人心曠神怡。在紅茶中加點檸檬片，更是別有番風味。

（三）奶茶泡法

1. **英式奶茶**：首先要溫杯，茶杯必須先經過溫杯的步驟，避免紅茶倒入杯中冷卻得太快，接著倒入沖泡好的熱茶，再倒入牛奶，添加的牛奶則要以室溫為宜。有關英式奶茶，還有一種說法是，是以鮮奶煮紅茶茶葉，然後一面倒入杯中，一面濾掉茶葉。

2. **印度奶茶**：印度奶茶是運用烹煮的方式，先煮茶葉，待茶葉煮至展開後，才加入牛奶並輕輕攪拌，煮至出現泡沫後即熄火。印度奶茶以甜味和奶味濃郁取勝，在印度的奶茶路邊攤，有些小販會添加小豆蔻、肉桂，或薑等香料，這一點和台灣珍珠奶茶連鎖店會在紅茶中添加各式獨家配方有異曲同工之妙。

至於茶葉浸泡在茶水中的時間一般以 3 分鐘為基準，若屬細碎葉組成的配方可以稍稍縮短浸泡時間，反之茶葉葉片完整度高的，就可以增加時間，這可以依個人喜好斟酌調整。

14-3　調味茶類別與基本花式調製

泡沫紅茶可以說是台灣獨特的茶文化，出現後改變了台灣茶業發展的趨勢，不但打破喝茶年齡，也創造特有的連鎖茶飲與休閒茶館文化。風靡國際的台灣特有茶飲 —— 珍珠奶茶近幾年早已在柏林、巴黎、倫敦、雪梨、蒙特婁、伊斯坦堡等全球各大城市攻城掠地，光是歐洲就有數千家珍奶專賣店（圖 14-6）。

目前市面上常見的流行茶飲，不管是泡沫紅茶或珍珠奶茶，依其製作方式不同，可以區分為「加味茶」、「調味茶」2 大類，兩者都是以「紅茶」和「綠茶」為基底製作而成，其中又以紅茶的使用較為廣泛，我們就先來認識紅茶的種類及特色。

圖14-6　台灣的特有茶飲——珍珠奶茶風靡國際

一、紅茶的種類

紅茶屬於全發酵茶的一種，茶菁經過長時間萎凋及揉捻、解塊、發酵與乾燥，沖泡出來的茶湯呈朱紅或鮮紅的顏色，紅茶、綠茶及中國茶的差別是在製作過程中發酵程度的不同。其中紅茶又可以分為兩大類，一類是條形紅茶，另一類是碎形紅茶。1650 年，荷蘭商船將中國紅茶首次引進歐洲，17 世紀，英國伊麗莎白女皇一世成立的東印度公司，直接從福建進口茶葉。由於廈門收購的武夷紅茶茶色濃深，故被稱為 Black Tea。

（一）知名的紅茶種類與特色

1. **阿薩姆紅茶：** 產自北印度阿薩姆地區，是印度歷史最悠久的茶區。葉片較大，內含白毫，色呈深褐；湯色深紅稍褐，帶有淡淡的麥芽香、玫瑰香，味道濃郁，適合添加牛奶製成奶茶。

2. **大吉嶺紅茶：** 出產於印度喜馬拉雅山麓的大吉嶺高原，味道帶有果香而濃鬱，得獎無數，故有「紅茶之皇者」的美喻。大吉嶺紅茶擁有高昂的身價，上品尤其帶有葡萄香，口感細緻柔和。大吉嶺紅茶最適合清飲，但因為茶葉較大，需稍微久燜，使茶葉舒展才能喝到其味。

飲調　知識庫

生態有機茶園管理

近年環境保育觀念逐漸抬頭，台灣茶以有機農業法種植栽培作物亦漸受矚目，生態有機茶的茶園管理，必須做到空氣、土壤、灌溉水質乃至所用肥料都要做到潔淨無干擾。茶園以地勢較平坦為主，日照平均，有利於水土保持和養份均霑；災害來時，也不易發生土石流造成損失；摘採時也較容易（圖 14-7）。海拔需適中，日夜溫差夠，霧氣足，濕度夠，土質豐饒，方適合茶樹生長。茶園也應儘量不噴藥不施化肥，零落葉劑，不做人為干預以及破壞。茶園四周特別需種植其他大樹，高低相錯，密實地形成了天然綠籬，阻擋四周空飄雜質。若有獨立水源與暗溝則更佳，成為一道小水牆，因可能讓空飄雜質能夠被水氣阻絕。自然野放，益蟲生長，鳥兒都來築巢，生態平衡，永續經營之下就會達到自然平衡。

圖14-7　易錕茶堂的新有機茶園

3. **錫蘭紅茶**：對出產於錫蘭斯里蘭卡紅茶的統稱。錫蘭紅茶種類主要有烏巴紅茶、汀普拉紅茶和努瓦拉里亞紅茶。錫蘭的高地茶強烈芳香濃烈，湯色橙紅明亮，上品的紅茶有黃金杯之稱，適合沖泡奶茶；汀普拉紅茶的湯色鮮紅，滋味爽口柔和，帶花香，澀味較少，適合座冰紅茶和調味紅茶。

4. **祁門紅茶**：產於中國安徽祁門，祁門紅茶是中國10大名茶之中唯一的紅茶，與印度的大吉嶺紅茶、斯里蘭卡的烏巴紅茶一同被譽為世界3大高香名茶。具有酒香和果味的紅茶，適合純飲或沖泡奶茶。

二、加味茶與調味茶

　　紅茶迷人之處不止於其顏色及香氣，其可愛在於能容，不論酸的檸檬、辛的肉桂、甜的糖或柔潤的牛奶，皆可容納於茶湯中。

　　混合茶可分類為混合調配茶 (Blended Tea) 與混合調味茶 (Flavored Tea) 兩種（圖 14-8）。混合調配茶以英國早餐茶和安妮皇后茶最常見；伯爵茶、玫瑰茶、水果茶等屬於混合調味茶。混合茶可因應不同需求，創造出其品牌的獨特口味。混合茶中的調配茶是端看各品牌的調茶師如何選用來自不同產區的茶葉為基礎，混合調配出獨特的風味茶；調味茶則是經過不同產區的茶葉混合調配後，再添入香草、花、水果、香料予以燻香，創造出富有香氣的茶葉。一般含有花果香的加味茶，是最受一般大眾喜好的茶。

圖14-8　混合茶

（一）加味茶

　　在紅茶葉中添加花或水果的天然香料或人工香料，使茶葉吸收香氣產生獨特香味的茶。以德國和法國生產為多，市售的加味茶以格雷伯爵茶 (earl Grey Tea)、拉普山小種茶、玫瑰紅茶和蘋果紅茶為多。伯爵茶也因使用的基底茶不同及佛手柑油的優劣，給予人們不同的評價。一般的伯爵茶大都以口味較重的中國紅茶或印度紅茶為基底茶，混合了由柑橘提煉的佛手柑油後，就成了伯爵紅茶。詳細見表 14-3：

表14-3　加味茶種類一覽表

種類	茶葉	加味	特色
格雷伯爵茶	中國紅茶或錫蘭紅茶	佛手柑	口感清優雅，茶湯為橘色，或帶點黑色的深紅色，可當冰紅茶原料，或搭配牛奶與檸檬片。
拉普山小種茶	拉普山小種茶	松脂	放在含有松脂如松木的樹幹上，進行加溫萎凋、吸收其自然煙薰香氣而來，茶湯淡紅色中帶淺黑色，可以作檸檬茶或奶茶。
蘋果紅茶	錫蘭紅茶	蘋果香料	茶湯為紅色，可作為冰紅茶或加入牛奶飲用。
玫瑰花茶	錫蘭紅茶	玫瑰花瓣或玫瑰香料	大多熱飲，會加入牛奶成為玫瑰奶茶飲用。

（二）常見調味茶

　　調味茶大都以紅茶為主要原料，再加入天然的水果香料製作而成。隨著全球調味茶的流行，各種調味茶種類林林總總，香料必需與茶味相輔相成才能調配出絕佳的風味。常見的調味茶（圖14-9）如表14-4所示：

圖14-9　調味茶

表14-4　常見的調味茶一覽表

項目	說明
花草茶 Herb Tea	花草茶原為藥草茶，主要取自可食用花草，新鮮植物或乾燥的根莖葉、花等部位。 在德國，洋甘菊和茴香則是家家戶戶所必備的兩種花草，具有芳香療效。
花果茶 Flower Fruit Ewa	又稱果粒茶，為水果果實乾燥濃縮加工而成，保有花瓣的芳香及水果甜蜜微酸的口感，如野莓果、薔薇果、桔皮、蘋果、洛神花等。 不含咖啡因，茶鹼和單寧酸等成分，但富含各種維生素、礦物質及果酸，為一種保健溫和的茶飲。
水果茶 Flower Fruit Tea	又稱鮮果茶，成分含有紅茶，可依個人喜好自由搭配調製，常用水果有檸檬、柳橙、葡萄柚、蘋果、鳳梨、百香果。紅茶多選用澀味輕、色濃的茶包。
奶茶 Milk Tea	以紅茶為基底茶，加入鮮奶、奶精或鮮奶油調製成各種不同的奶茶，如阿薩姆奶茶或伯爵奶茶。 可添加不同配料，如榛果奶茶、珍珠奶茶、鴛鴦奶茶等。

14-4　養生茶的認識及調製

　　隨著生活水準不斷的提升，如何維持健康的身體保持最佳狀態，已成為大家越來越關心的話題，市面上的咖啡館或茶飲店著眼許多人會喝養生茶紓解壓力和提神，也應景推出許多冷熱的養生茶飲選擇。

　　一般人對養生茶的印象不外乎喝養生茶的顧客都是上了年紀的人；含當歸、黃耆、枸杞、紅棗等中藥材的養生茶一定有股怪味道，其實養生茶大致可分為中藥茶、花草茶及堅果五穀茶飲，以養生保健為主，性質溫合，可作為日常茶飲，屬於食療的一種。本節就讓我們來認識適合調製養生茶的材料，以及如何調配出可口好喝的養生茶飲。

一、常見的養生茶分類

　　一般常見的養生茶依材料可分為以漢方藥草為主的中藥茶，就是以中藥材去沖泡或熬煮而成的茶飲，所選擇的中藥材以調理身體和促進健康為考量，比較不重視口感美味及喝茶情緒和氛圍的中藥茶；第二種是以花草為材料的茶飲，歐洲最常見；第三以蔬菜水果為材料，近年也很流行以五穀堅果調製成的養生茶飲，詳細如表 14-5 所示。

　　養生茶調製一般採煮飲法和沖泡法，例如桂圓紅棗茶或薑茶，採用砂鍋或陶鍋以小火煎煮飲用，茶湯味道較濃郁入味，但比較耗時；若是菊花茶、或桂花茶則可用熱開水沖泡即可，製作便利但味道較淡。

表14-5　常見的養生茶分類

類別	名稱	特性	茶飲
漢方藥草	枸杞、當歸、黃耆、枸杞、紅棗、白木耳、蓮子	能益氣養血，補虛保健，增加血液循環，提高身體免疫力。	黑糖薑棗茶、桂圓枸杞紅棗茶、冰糖銀耳蓮子紅棗茶。
花草類	桂花、玫瑰花、薰衣草、洋甘菊、薄荷、迷迭香	桂花有淡淡清香，是秋季美容保健飲品、玫瑰芬芳，也是女性最愛的茶飲，可養顏美容，調理氣血。薰衣草有鎮靜舒緩情緒之效。	薄荷檸檬茶、玫瑰花茶、桂花茶。
堅果五穀	糙米、芝麻、燕麥、薏仁、松子、核桃、杏仁	營養價值高且均衡，保留豐富的纖維質。	養生五穀漿。

桂圓枸杞 紅棗茶

材料

（2 人份）

1. 桂圓肉6顆
2. 枸杞2大匙
3. 紅棗6顆
4. 水1000c.c

器具

1. 電鍋
2. 可愛壺

作法

1. 將紅棗、桂圓、枸杞清洗一下。
2. 鍋內加入1000c.c的水。
3. 將紅棗、桂圓、枸杞倒入鍋內。
4. 放入電鍋，外鍋放一杯水。
5. 電鍋跳起後，將茶湯倒入可愛壺內，可用酒精壺保持熱度。

Tips

1. 即使是忙碌的上班族，也可使用100℃滾燙熱開水，將桂圓、紅棗、枸杞放入保溫杯內燜，15分鐘後即可倒出飲用即可，可以繼續沖泡3次。
2. 加入桂圓會有天然的甜味，亦可不加。
3. 這一道最適合在冷冷的天氣，煮一壺熱呼呼的桂圓枸杞紅棗茶，不但可保有好氣色，還可提高身體免疫力。

養生五穀漿

材料

（2人份，成品約1000ml）

1. 五穀飯1碗（煮熟的飯）
2. 核桃仁半湯匙
3. 杏仁半湯匙
4. 黑芝麻1大匙
5. 豆漿300c.c
6. 冷開水300c.c
7. 冰糖2大匙

作法

1. 半杯五穀米洗淨。
2. 將五穀米放入鍋內，內鍋水淹過米一公分，外鍋放一杯水。
3. 電鍋跳起後，稍後5分鐘再把電鍋打開，將煮熟的五穀飯舀起一碗。
4. 將一碗五穀飯放入果汁機內，加入核桃仁、杏仁等堅果及黑芝麻（或白芝麻）。
5. 然後倒入冷開水300c.c及豆漿300c.c，打成漿。
6. 視各人喜好加入適量冰糖。
7. 完成。

Tips

1. 這一道是營養價值很高，又保有豐富纖維質的養生五穀漿，很有飽足感，可當早餐或下午點心喝。
2. 五穀還可視各人喜好加入薏仁、糙米、芝麻、燕麥、松子、核桃、杏仁等。
3. 現代人忙碌，可先煮一鍋五穀飯，放涼後分成幾包放置冷凍庫，每次取出一包加入堅果或杏仁粉用果汁機打成漿，非常方便。

冰糖銀耳蓮子
紅棗茶

材料

（3人份）

1. 乾白木耳1朵（約50g）
2. 蓮子300g
3. 冰糖100g
4. 水800ml
5. 紅棗5顆

作法

1. 白木耳泡水半小時。
2. 蓮子用清水撥洗一下。
3. 泡發的白木耳用剪刀剪成小塊，去掉黃色蒂頭，白木耳剪小塊比較容易煮軟，又能吃到木耳的口感。
4. 將白木耳倒入鍋內，加入水，大概和白木耳平就好，放入電鍋，外鍋放一杯水，煮約15分鐘會跳起來。
5. 再加入蓮子和一半的冰糖、800c.c的水，外鍋放一杯水去煮。
6. 待電鍋跳起來後，再加紅棗、剩下的冰糖調味，然後蓋上鍋蓋續悶一下。

Tips

1. 白木耳泡軟後也可用果汁機打碎，煮起來較濃稠。
2. 紅棗最後再放進去燜，才不會爆開。
3. 蓮子若有芯要先去掉，因為芯會苦。
4. 用電鍋煮蓮子一顆一顆的很完整，不會破掉。

第15章

其他

台灣連鎖的手搖飲料店林立，一年約有新台幣360億元的商機，隨著科技腳步發展快速，外食族人口的比例增高，及近年運動風潮盛行，健康意識抬頭，消費者對飲料的選擇已逐漸朝著健康趨勢邁進，天然養生蔬果汁、與果汁類飲料早已成為健康飲食中不可欠缺的一環，隨處可見的飲料店也逐漸被現打果汁所取代。

在眾多的手搖杯飲料店中，展店數最快的以現榨果汁的店最多，在市場高度競爭下，不少店家紛紛開發新產品，以抓住消費者求新求變的口味需求。在現榨果汁店很受歡迎的人氣飲料為，訴求古早好味道的「現壓榨檸檬」、「翡翠檸檬」；洛神花青茶、新鮮百香果等，本章將重點介紹近年較流行的「養生優格蔬果汁」及「果汁飲料」；還有夏日人氣「冰沙系列」，引導大家認識生鮮蔬果中含有的營養素，如何搭配和調製要點。

學習重點

1. 認識生鮮蔬果中含有的營養素。
2. 學習如何搭配和調製要點。
3. 實作示範「養生優格蔬果汁」、「果汁飲料」、「冰沙系列」。

圖15-1　番茄中的茄紅素對人體有很大的幫助

15-1　養生蔬果汁

　　色彩豐富的蔬果，除了含有豐富的維生素、礦物質及纖維素以外，根據科學家透過化學分析，證實這些天然的蔬果所含的化學物質「植物營養素」：葉黃素、茄紅素、類黃酮素等，對於人體健康有極大的幫助（圖 15-1）。如何透過隨處買得到的食材，簡單的步驟，調製變化豐富的養生優格蔬果汁，和清爽美味的口感，輕輕鬆鬆達到保健的效果。蔬果的營養成分、必學的處理竅門、製作技巧及飲用方法等知識，讓你製作出營養又好喝的蔬果汁。

　　一份優格提供 300 毫克左右的鈣，約一天所需 1/4 的量。將蔬果攪打成汁，可以改善蔬果味道的接受度，增加蔬果的食用量，對於腸胃或咀嚼不適的人來說，也是補充營養的好方法。而且蔬果不需要烹調，營養成分不會被破壞，人體一次吸收的養分更多更完整。許多蔬果都可加入優格調製，如芹菜奇異果優格、香蕉優格、鳳梨優格、木瓜優格、火龍果紅蘿蔔汁。

一、製作蔬果汁的要訣

1. **選擇安全無農藥蔬果**：購買時要選用認證的蔬果，最好選擇沒有施加農藥和化肥的蔬果。

2. **選擇當季水果**：當季蔬果物美價廉且是在最適合條件下生長，較少農藥。

3. **榨汁前要清洗乾淨**：最好以自來水沖洗而不要浸泡，浸泡會使有農藥的有害物質殘留在蔬果裡。

4. **蔬菜水果搭配**：將含有胡蘿蔔素、維生素A、維生素C和維生素B等不同營養素的蔬菜、水果進行搭配，營養滿點。

5. **瞭解蔬果屬性**：醇厚類：如香蕉、木瓜、火龍果、草莓、芒果；清新類：如檸檬、黃瓜、雪梨、西瓜、柚子、芹菜、哈密瓜。

6. **添加五穀雜糧**：多數蔬果屬性偏冷，若是體質偏寒的人喝多了會傷害脾胃，可以添加一些五穀雜糧，如芝麻、杏仁、燕麥、核桃等，綜合一下過冷的蔬果汁。

7. **現榨現飲**：蘋果、芭樂等食物打成蔬果汁後，放置太久就會發生氧化，營養價值也會降低。而且，食物酵素之間會發生作用，變成其他的成分，果汁也會分離或是味道改變，所以一做好盡快喝完是最基本的。

8. **優格的妙用**：優格英文為Yogurt，由於優格的原料是來自於牛奶，所以吃優格也可以攝取一定的動物性蛋白質（每6盎司可攝取9公克），及奶製品中既有的一些營養素，如鈣、維生素B-2、B-12、鉀、鎂等。活性培養菌所製成的優格，有助於改善部分腸胃道狀況；用優格也可讓冰沙變得更加香濃，且比一般冰沙更低脂，低飽和脂肪和低卡（圖15-2）。

飲調 知識庫

蔬果汁製作小知識

1. 要選新鮮成熟的果實，碳水化合物含量較多且酸甜比重平衡，較有果汁的香味和甜度。
2. 要注意蔬果無腐爛現象，果汁才不會變質。
3. 要充分清洗，蔬果汁製作過程中，果汁被微生物汙染的原因多來自清洗的流程。

圖15-2　吃優格可以攝取一定的動物性蛋白質和製品中既有的營養素

二、天然果汁含量

衛生福利部食品藥物管理署公告「宣稱含果蔬汁之市售包裝飲料標示規定」，從 2015 年 7 月 1 日起，含 10% 以上蔬果汁需標示原汁含有率；含量不足 10% 或有人工添加物的也得如實標示，若違法最高可罰 300 萬。天然的果汁含量如表 15-1 所示：

表15-1　天然果汁詳細資料

分類	種類	比例	內容說明
水果果汁	純天然果汁	100%	1. 新鮮水果直接榨出 2. 濃縮果汁還原
	稀釋天然果汁 稀釋發酵果汁	30% 以上	番石榴應在25%以上，含天然果汁、還原果汁30%以上，或濃縮果汁稀釋至30%以上的果汁飲料。
	果汁飲料	10-30%	天然果汁還原 10% 以上，可直接飲用，清淡果汁含天然果汁或還原果汁 10～30% 果汁飲料。
	濃縮果汁	1.5 倍以上	不得添加其他材料，飲用時需稀釋。
	濃縮果漿（果露）	50%	天然萃取物抽取 50% 以上，再添加入濃厚糖漿中，其總糖度應在 50°Brix 以上（Brix 表示溶液中糖的密度）。
蔬菜果汁	純天然蔬菜汁	100%	由新鮮蔬菜經壓榨、加水蒸煮或破碎篩濾所得的汁液，有 2 種或 2 種以上蔬菜汁混合製造的綜合蔬菜汁配合比例不予限制。
	稀釋天然蔬菜汁	30% 以上	指天然蔬菜汁加以稀釋至蔬菜汁含有率在 30℃以上（蘆筍汁應在 20% 以上）者，亦 2 種或 2 種以上純天然蔬菜汁，混合稀杆至綜合蔬菜汁含有率在 30% 以上者。
	蔬菜汁飲料 綜合蔬果汁飲料	6-30%	指蔬菜汁或綜合天然蔬果汁含有率在 6% 以上至未及 30% 者。

三、蔬果汁調製方法

　　蔬果汁調製簡單又有益健康，容易製作、成本低廉，變化又多，最基本的可用直接注入法或搖盪法，如製作水果冰沙就要用電動攪拌法。

（一）直接注入法 Building

1. 將多種果汁水果糖漿或碳酸飲料，加入裝有適量冰塊的杯中，以吧叉匙攪拌均勻，適用於容易混合均勻及含有碳酸飲料的宗和果汁。
2. 成分中有糖漿時，需攪拌久一點，使糖漿充分混合均勻。
3. 如奇異果之吻、純真可樂達、柳橙蘇打、雪莉登波、灰姑娘。

（二）搖盪法 shaking

1. 先將冰塊加入雪克杯中，再加入各種飲料，搖盪均勻後倒入飲用杯，適用於不易攪拌均勻的材料，如蜂蜜、果糖、鮮奶、蛋黃。
2. 成分中有奶水或雞蛋（含蛋、蛋黃、蛋白），需搖盪至起泡。
3. 如冰金桔檸檬汁、柳橙鮮奶蜜、鳳梨蛋黃汁、蜜桃比妮。

（三）電動攪拌法 Blending

1. 先將各種新鮮水果洗淨，切塊放入果汁機中，加入調味材料和水後，最後加入冰塊，快速攪打出果汁。適用於多種新鮮水果直接調製成綜合果汁。
2. 果汁中含有籽或粗纖維時，需以濾網過濾後，再倒入飲用杯中。
3. 如西瓜汁、葡萄柚鳳梨汁。

（四）養生果汁優格系列

　　優格可促進腸胃消化，製作果汁飲料時可以加入原味優酪乳，不但美味更有益腸胃健康，只要是當令的季節水果都很適合，以下示範幾道果汁優格給讀者參考。

芒果優格果汁
——香滑潤口

材料
1. 芒果1顆
2. 優酪乳50ml
3. 蜂蜜20ml（或果糖）
4. 冰塊少許

作法
1. 將新鮮芒果切成丁。
2. 加入優格或者優酪乳。
3. 加入適量冰塊。
4. 放入果汁機內，快速攪打均勻。
5. 留半顆新鮮芒果果肉切塊放上面，增加口感的層次。
6. 視各人甜度喜好加入蜂蜜份量。

Tips
1. 芒果優格是夏季飲品，芒果打成汁口感香滑美味。
2. 優格可促進腸胃消化。

葡萄優格果汁
—— 紫色繽紛

材料

1. 葡萄100g（10至15粒）
2. 原味優酪乳200c.c
3. 蜂蜜適量（視個人喜好添加）

作法

1. 以剪刀將葡萄剪下去梗，用鹽水泡
   洗，來回重複洗個3至5次。
2. 將葡萄放入果汁機內，加入優格、
   冰塊、蜂蜜攪打成汁，即可倒出飲
   用。

Tips

1. 這道葡萄優格果汁建議不要過濾，
   才可以吃到葡萄籽的口感。
2. 葡萄含有花青素可以抗氧化造血，
   結合兩者的天然營養價值，喝一杯
   吸收更多維生素、纖維質。

石榴蘋果果汁
──吃的紅寶石

材料

（兩人份）

1. 蘋果1顆（約中小型）
2. 石榴1顆
3. 冷開水50c.c
4. 冰塊1杯
5. 蜂蜜20ml

作法

1. 蘋果洗淨，去皮切成丁。
2. 紅石榴洗淨，橫切兩半，用茶匙取出果粒。
3. 將所有水果分別放入果汁機中，加入冰塊，使用瞬間打2下，再用慢速3分鐘打至材料細碎成汁。
4. 可依據個人口感決定是否添加蜂蜜。
5. 留一些石榴果粒放在上層，可增加口感。
6. 以蘋果塔作裝飾。

Tips

1. 石榴汁含有多種氨基酸和微量元素，有助消化、降血脂和血糖，降低膽固醇等多種功能。
2. 切開挖取紅石榴果粒時，偶而會有少許紅石榴汁噴濺出來，最好穿上圍裙，以防弄污衣服，很難洗掉。

檸檬柳橙
金桔果汁
──煥容美顏

材料

1. 檸檬1個
2. 柳橙2個
3. 葡萄柚半顆
4. 金桔3顆

作法

1. 檸檬、柳橙、葡萄柚和金桔清洗乾淨。
2. 分別切開對半,用果汁汁榨汁機榨汁。
3. 在杯內先加入蜂蜜、半杯冰塊,將榨好的果汁倒入杯內攪拌均勻即可。

Tips

1. 這道果汁非常適合感冒、發熱頭痛、喉痛沙啞的人飲用。
2. 喝飲品習慣無糖或3分甜,可自行增加蜂蜜甜度比例。

火龍果蘋果汁
── 清腸排毒

材料

（2人份）

1. 紅肉火龍果1顆
2. 蘋果1顆（約中小型）
3. 鳳梨1/3顆
4. 水300c.c
5. 冰塊半杯
6. 蜂蜜20c.c

作法

1. 將火龍果切半，用水果刀挖出果肉切成塊狀。
2. 蘋果去皮切成丁。
3. 鳳梨去皮切丁。
4. 將材料倒入果汁機內。
5. 再倒入300c.c水和半杯冰塊，蜂蜜視個人喜愛甜度添加。
6. 快速攪打均勻。

Tips

1. 火龍果是果中之王，含有一般植物少有的植物性白蛋白和豐富的維生素和水溶性膳食纖維，紅肉火龍果果實中的花青素含量最高，具有抗氧化、抗自由基、抗衰老的作用。
2. 火龍果果味很清，搭配蘋果增加香甜味，是排毒美顏的最佳飲品。

15-2　冰沙系列

　　高人氣又有健康概念的水果冰沙是夏天備受人們喜愛的消暑降火飲品，它取材於各種時令水果，輔以冰水、冰塊、白糖製作而成。冰沙不僅細膩，入口即化，更都是由水果製成的，眞正地融合了水果和霜淇淋，是喜愛水果和霜淇淋人士的最佳選擇。

　　製作冰沙雖不難，如何打出完美的冰沙則有訣竅。調製水果冰沙，冰與水果和液態材料的比例如何拿捏就是關鍵！茶飲中製作最耗時的，就屬冰沙類，有些因爲冰沙打好、要加進現切水果，多一道程序；奶類冰沙，則是因爲奶粉、鮮奶加進冰塊打碎，會產生泡泡，需要時間，讓空氣消去、再補上，免得客人拿到 8 分滿的冰沙。另外像是芒果、奇異果冰沙，加進新鮮水果，點了才削皮、切塊、打冰沙，從點單到拿到手，大約 5 分鐘，雖然耗時，卻通常是最熱銷。

　　卡布奇諾咖啡的獨特魅力向來引領風騷，加上榛果這個最受歡迎的堅果口味，兩者結合而成調製的冰沙。

　　富含花青素的藍莓，搭配原味優格，直接以碎冰打成冰沙，洋溢著沁透冰涼的綿密細緻口感，入口即化、酸酸甜甜的滋味有如戀愛般的美好。芒果香蕉冰沙芒果所含的粗纖維，可增強腸蠕動，由於芒果含糖分極高，搭配上香濃戀乳，融合調配出溫潤香醇的味道，洋溢著沁透冰涼的綿密細緻口感，入口即化！

一、冰沙製作方法

（一）使用果汁機的製作步驟

1. 將冰塊事先敲成碎冰備用。
2. 先將所需材料依序放入果汁機上座後，再加入適當的碎冰。
3. 啓動電源，以瞬間開關方式，分段攪打3至4次。
4. 暫停運轉，以吧叉匙攪拌一下，續打成綿密細緻冰沙。
5. 倒入杯中即可

（二）使用冰沙機的製作步驟

1. 先將所需材料依序放入果汁機上座後，再加入適當的碎冰。
2. 啓動電源，以瞬間開關方式，分段攪打3至4次，成冰沙狀即可。
3. 暫停運轉，以吧叉匙攪拌一下，續打成綿密細緻冰沙。
4. 倒入杯中即可。

貼心小叮嚀

1. 果汁機馬力較小、刀片較不堅硬，故攪打時間較長，導致成品易出水，最好事先冰塊敲打成碎冰後使用。
2. 電動攪拌機使用前，應加水蓋過刀片，攪打 5 秒鐘清洗乾淨。
3. 馬達完成停止時，才可搖動、移動或打開上蓋。
4. 不可先放入冰塊，避免造成機器空轉。
5. 製作咖啡冰沙時，濃咖啡需事先冰鎮。

水蜜桃冰沙

材料

1. 水蜜桃罐頭半罐
2. 冰塊1杯
3. 冷開水50c.c
4. 蜂蜜20c.c

作法

1. 取出水蜜桃半罐切塊倒入果汁機內。
2. 倒入一杯冰塊。
3. 再加水50c.c及蜂蜜攪打成冰沙。
4. 將水蜜桃冰沙倒入杯內,將一塊水蜜桃切成條狀串起掛在杯緣作裝飾即可。

Tips

1. 果汁機要選擇可以打得動冰塊的機型。
2. 這是一道方便製作又清爽的冰沙。

香蕉奇異果冰沙

材料

（2人份）

1. 香蕉1根
2. 奇異果1個
3. 冰塊1杯
4. 冷開水50c.c
5. 蜂蜜2茶匙（要降低熱量可減半或不加）

作法

1. 將香蕉去皮、切塊。
2. 奇異果去皮、切片。
3. 將冰塊和蜂蜜一起放入果汁機。
4. 攪打成冰沙狀，然後倒進玻璃杯即可。
5. 在杯口加上一片奇異果當裝飾。

Tips

1. 奇異果富含維生素C、β胡蘿蔔素、維生素E、多酚等營養成分，並富有抗氧化劑，是一種營養價值非常高的水果。
2. 奇異果和香蕉都是屬於高鉀低鈉的水果，具有降血壓的功效，且兩者的營養成分又可相輔相成，有高血壓的患者可以多多食用！

NOTE

飲料與調酒
與職場接軌・飲調實作示範

作　　者 / 閻寶蓉、周玉娥

發 行 人 / 陳本源

執行編輯 / 溫家蓁

封面設計 / 林伊紋

出 版 者 / 全華圖書股份有限公司

郵政帳號 / 0100836-1號

印 刷 者 / 宏懋打字印刷股份有限公司

圖書編號 / 0818501

二版一刷 / 2016年11月

定　　價 / 新台幣600元

I S B N / 978-986-463-383-8

全華圖書 / www.chwa.com.tw

全華網路書店 Open Tech / www.opentech.com.tw

若您對書籍內容、排版印刷有任何問題，歡迎來信指導 book@chwa.com.tw

臺北總公司（北區營業處）
地址：23671 新北市土城區忠義路21號
電話：(02) 2262-5666
傳眞：(02) 6637-3695、6637-3696

中區營業處
地址：40256 臺中市南區樹義一巷26號
電話：(04) 2261-8485
傳眞：(04) 3600-9806

南區營業處
地址：80769 高雄市三民區應安街12號
電話：(07) 381-1377
傳眞：(07) 862-5562

歡迎加入 全華會員

● **會員獨享**

會員享購書折扣、紅利積點、生日禮金、不定期優惠活動…等。

● **如何加入會員**

填妥讀者回函卡直接傳真 (02) 2262-0900 或寄回,將由專人協助登入會員資料,待收到 E-MAIL 通知後即可成為會員。

如何購買 全華書籍

1. **網路購書**

全華網路書店「http://www.opentech.com.tw」,加入會員購書更便利,並享有紅利積點回饋等各式優惠。

2. **全華門市、全省書局**

歡迎至全華門市(新北市土城區忠義路 21 號)或全省各大書局、連鎖書店選購。

3. **來電訂購**

(1) 訂購專線:(02) 2262-5666 轉 321-324
(2) 傳真專線:(02) 6637-3696
(3) 郵局劃撥(帳號:0100836-1 戶名:全華圖書股份有限公司)
※ 購書未滿一千元者,酌收運費 70 元。

OpenTech 全華網路書店.com.tw

全華網路書店 www.opentech.com.tw
E-mail: service@chwa.com.tw

※ 本會員制如有變更則以最新修訂制度為準,造成不便請見諒。